上海大学出版社

2005年上海大学博士学位论文 43

# 0－1二次规划的全局最优性条件及算法

● 作者：陈 伟

● 专业：运筹学与控制论

● 导师：张连生

A Dissertation Submitted to Shanghai University for the Degree of Doctor (2005)

# Global Optimality Conditions and Algorithms for Quadratic 0 – 1 Programming

**Ph. D. Candidate:** Wei CHEN
**Supervisor:** Liansheng Zhang
**Major:** Operations Research & Cybernetics

**Shanghai University Press**
**· Shanghai ·**

# 摘　　要

全局优化问题广泛见于工程、国防、经济等诸多重要领域，是数学规划理论的一个重要研究领域。本文首先讨论一类特殊结构的全局优化问题：二次规划的全局优化问题。我们给出了0－1二次规划的全局最优性条件，并讨论了其相应的算法。然后，对于一般结构的全局优化问题，我们给出了一个新的无参数的填充函数方法。

本论文的第一章介绍全局优化理论的一些研究成果。第二章讨论无约束0－1二次规划的全局最优性条件。在第二节得到一个充分条件和一个必要条件的基础上，我们希望能够得到一些充要条件。为此，我们首先在第三节中给出在线性约束条件下，$\bar{x}$成为一个凸的二次函数的全局极大点的充分必要条件。从这个结论出发，在第四节，我们得到了无约束0－1二次问题全局最优的充分必要条件及其等价形式。在第五节，我们将注意力放在全局最优的必要条件上。我们得到的必要条件都不含对偶变量，仅用到原问题的数据。这样，这些条件在实际中都是可以被检验的。进一步，为了使必要条件在实际中易被检验、易操作，我们降低了必要条件中的维数，在比原问题维数更低的空间中，给出一些简洁的必要条件，以达到方便检验的目的。

在第三章，我们进一步研究有约束的0－1二次规划的全局最优条件。对于带有线性不等式约束的0－1二次问题，我们在

第一节中得到了它全局最优的充分条件和必要条件。必要条件也不含对偶变量。当系数矩阵正定时,我们建立了原0-1问题的解与松弛问题的解之间的联系。对于带有线性等式约束的0-1二次问题,我们在第二节证明了一个带有线性等式约束的0-1二次规划问题,它的全局最优解集和其相应的罚问题的全局最优解集是相等的。这样,带有线性等式约束的0-1二次问题的解,可以通过无约束0-1二次规划问题的解得到。第三章的另一个内容是讨论0-1二次规划问题的实际应用。将我们得到的一些结论运用于极大团问题和二次分派问题,我们得出了一些相关的结论。

将全局最优条件发展成为可实现的算法,是全局优化研究中的重要的工作。本文的第四章讨论无约束0-1二次规划问题的算法。首先我们将原0-1问题化为一个等价的半正定的0-1二次问题。在得到这个半正定二次问题的松弛解$x$之后,取与$x$"最接近的"0-1解$y$,在一定的条件之下,$y$就是原0-1问题的全局最优解。由于松弛后的问题是凸的二次规划问题,可以在多项式时间内求解,所以,我们的算法是可实现的。为了确定$y$是否是原问题的最优解,我们设计了三种算法。在研究了第二章所给出的一些充分条件之间的关系之后,在第四章第四节,我们进一步讨论了这种方法能够成功的一些条件。

对于一般结构的全局优化问题,全局优化的算法研究始终是人们关注的问题。在第五章,我们分别对整变量的和连续变量的全局优化问题,讨论求解它们的无参数的填充函数方法。

目前已有的一些填充函数一般带有一个或两个参数。在实际的计算过程中,往往要花费很多的时间和内存来确定适当的参数值。另外,用填充函数方法解决整变量的全局优化问题,这也是一个重要的研究方向。基于此,我们在第五章第二节首先针对非线性规划中整变量的全局优化问题,给出一个无参数的填充函数方法。按照填充函数方法的基本思想,我们给出了修正的填充函数的定义。在定义中,我们强调它能帮助我们找到比当前局部极小值具有更小目标函数值的点。理论分析和数值计算的结果都表明,我们所构造的无参数的填充函数,可以有效地使目标函数 $f(x)$ 离开当前的局部极小点,并跳过很多局部极小点,最终找到全局极小点。而且,无论是目标函数还是填充函数,它们需要赋值的点在所有的可行点中占的比例很小。对于连续变量的全局优化问题,我们在第五章第三节同样给出了其修正的填充函数定义。并构造了满足这个定义的填充函数。随后,我们讨论了它的一些理论性质并进行了数值计算。由于无需调节参数,这个新的填充函数是有效的并且是简便的。

**关键词:** 0-1二次规划,全局优化,全局最优性条件,填充函数,整数规划

# Abstract

During the past several decades, many new theoretical, algorithmic and computational contributions have helped to solve globally multiextreme problems arising from important practical applications. In this thesis, we emphasize nonconvex optimization problems presenting some specific structures like quadratic 0 - 1 programming problems first. We obtain global optimality conditions of these problems and discuss the algorithms for solving these problems. Then, we consider a new filled function method with parameter free for solving general global optimization problems.

Quadratic optimization problems cover a large spectrum of situations. Many quadratic programming problems are NP - hard or NP - complete. They constitute an important part both in the field of local optimization and of global optimization. There are close connections between nonconvex quadratic optimization problems and combinatorial optimization. It is important to study these problems because such problems have many diverse applications. But tackling them from the global optimality and duality viewpoints is not as yet at hand.

In the first chapter of this thesis, we introduce the recent developments in global optimization. The global optimality conditions of quadratic 0 - 1 programming problems are discussed in chapter two. First we obtain a necessary and sufficient condition for a feasible point to be a global maximizer of a convex quadratic function under linear constraints. Through this work, we find explicit global optimality conditions of quadratic 0 - 1 programming problems, including sufficient and necessary conditions and some necessary conditions. The necessary and sufficient condition is mixed first and second order information about the data. These works are presented in section three and four. In section five of chapter two, we focus on the necessary conditions of quadratic 0 - 1 problems. All the necessary conditions we got are expressed only with the primal problems' data in a simple way and without dual variables. That makes the necessary conditions can be checked in practical applications. Furthermore, we reduce the dimensions in our global optimality conditions. Some necessary conditions expressed here are given with lower dimensions than the primal problem and can be used easily.

In chapter three, we consider quadratic 0 - 1 problems with linear constraints. In section one, we establish global optimality conditions for quadratic 0 - 1 problems with inequality constrains, including sufficient conditions and a necessary condition. The necessary condition is expressed without dual variables. We also study the relations between the global optimal solutions of nonconvex 0 - 1 quadratic problems versus the associated relaxed and convex problems. Section two gives the relations between the global optimal solutions of quadratic 0 - 1 problems with linear equality constraints and the global solutions of quadratic 0 - 1 problems. The set of the global optimal solutions of these two class of problems are the same. Some applications of quadratic 0 - 1 problems are discussed in section three of chapter three. We discuss some properties of the maximum clique problems and quadratic assignment problems by applying the results we have gotten in the thesis.

It is an important work to develop the algorithms with global optimality conditions. The methods for solving quadratic 0 - 1 problems are discussed in chapter four. By making the coefficients matrix being a positive semidefinite matrix, we make a quadratic 0 - 1 problem being another quadratic 0 - 1 problem with same solutions of the prime problem. Then under some conditions, we can get 0 - 1 global solutions of the prime problem $y$ through the solutions of the associated relaxed convex problem. The relaxed problem is a convex quadratic problem and can be solved in polynomial time. We design three algorithms to decider whether $y$ is the global solution of the prime 0 - 1 problem. After studying the relations between the sufficient conditions gotten in chapter two, we discuss the conditions for the method being succeed.

The algorithms for solving general global optimization problems play an important role in the field of global optimization. In chapter five, we discuss the filled function method with parameter free for the problems with integer variables and with continuous variables respectively.

Generally, the filled functions have been proposed have one or two parameters. It took a long time and large internal storage to chose appropriate parameters. On the other hand, it is a reasonable way to solve nonlinear integer programming problems with filled function method. Section two of chapter five proposes a new filled function without parameter for nonlinear programming problems with integer variables. According to the idea of the filled function method, we give the modified definition of the filled function. In our definition, we emphasize the properties of the filled function that it can help us to find the points with smaller objective function values than the current smallest minimum. Both theoretical analysis and computational results showed that the filled function we proposed allows one to leave the current local integer minimizer to find a new better starting points. Moreover the method does not sort all local minimizers. It is able to jump over many local minima and succeeds in finding a global minimizcr. The ratio of the number of the points need to be evaluated to the number of feasible points are very small, both of the objective function and of the filled function. For the problems with continuous variables, we also give the modified definition of the filled function and propose a filled function satisfying the definition. The properties of the filled function are discussed and some problems are tested. Since there are no parameters need to be adjusted, the computation is more efficient and convenient.

**Key Words**: 0 - 1 quadratic programming, global optimization, global optimality conditions, filled function method, integer programming

# 目　录

# 第一章　全局优化研究的一些新进展

## §1.1　引言

在自然科学和社会科学的研究中，有大量理论问题和实际问题都与数学规划有关。其中，全局优化问题又是数学规划理论中的一个重要的而又困难的研究领域。科学研究、经济领域以及工程技术中的诸多问题都依赖于用数值方法寻求相应问题的全局解。在实际应用中，尤其是当问题的规模较大时，通常存在多个不同的局部最优解，所以传统的非线性规划技术不能被应用于求解全局优化问题。长期以来，全局优化问题一直受到研究人员和工程技术人员的关注。近三十年来，尤其是最近几年，对全局优化问题的研究在世界范围更受重视，也有了很多新的研究成果。

所谓全局优化问题，可用如下形式予以表述：

$$\min f(x)$$

$$s.t.\ \ x \in C$$

**定义 1.1.1**　设 $C \subset R^n$ 是一个非空闭集，$f(x)$：$R^n \to R$ 在 $C$ 上连续。若存在 $x^* \in C$，使得 $f(x^*) \leqslant f(x)$ $(f(x^*) < f(x))$ 对所有的 $x \in C$ 成立，则 $x^*$ 是 $f(x)$ 在 $C$ 上的一个(严格)全局极小。

至少找到一个全局极小点 $x^*$，使 $f(x^*) \leqslant f(x)$ 对所有的 $x \in C$ 成立，或证明全局极小点不存在，这样的问题称为全局极小化问题。

现有的绝大多数关于非线性规划的极小化方法都只能求出局部极小点。但是，在科学研究和工程设计中，人们经常会面对这样的问题：现有的设计或者结果是否已经是最优的了？是否还有改进的余地？同时，在实际应用中，问题的维数越来越大，结构越来越复杂，如何处理不同的局部极小点也是值得考虑的问题。例如，在最小平方和问题中，用局部极小化的方法得到的数值结果显示，不同的起始点会得到不同的答案。如果运用全局极小化方法，那么答案就会更令人信服和满意。

尽管全局优化问题在理论上有研究的必要，在实际上有广阔的应用背景，但较之于局部问题的研究，全局优化问题的研究结果并不是很多。这是因为全局优化问题在某些方面与局部优化问题有本质上的区别，它有其自身的特点和需要克服的困难。

一个首先必须面对的问题是：数学分析领域中哪些工具或结果可以被用于全局问题的研究。众所周知，梯度的计算在求解局部优化问题中起到了重要的作用，无论是局部最优性条件还是局部优化算法的设计，都离不开梯度的概念（参见文献[6]）。但在全局优化问题中，由于梯度是一个局部概念，如何将其应用于全局问题，还是一个值得研究的课题（参见[27－29,80,83]等文献）。

毫无疑问，全局优化问题的研究需要全局化的信息。Stephens 和 Baritompa 在[79]一文中指出，一般而言，全局优化的算法都依赖于某个全局性的常数，例如李普希兹常数、函数在可行域的上下界等等。但是这些常数往往很难得到。这也是全局优化研究的另一个困难。

另外，全局最优性条件对全局优化问题的研究也是至关重要的。经典的 KKT 等局部最优性条件的发现，极大地推动了数学规划理论的发展，它们也是各种局部优化算法的理论基础。同样，全局优化的算法与全局最优性条件密切相关。现有的绝大多数关于非线性规划的极小化方法都只能求出其局部极小点，而且还缺少一个好的判别标准来判定一个局部极小点是否是全局极小点。

正是由于存在这些困难，目前关于全局优化问题的研究结果不像局部问题那样全面和丰富。在此，我们将全局优化问题的研究文献大致分成两类：一类是关于全局最优性条件的研究；如文献[7,27-28,70,80]等等。另一类是关于全局优化问题的算法研究的，如文献[18-19,24,50,66,98]等等。当然还有很多综合性的文献，如[33,35-36,84]等等。这些文献中，有的是关于一些具有特殊结构的全局优化问题的研究，如凹规划、反凸规划、DC规划、单调规划等等。有的讨论一些一般结构的全局优化问题。现有的文献表明，解全局优化问题的方法与通常的非线性规划的工具是很不相同的，研究解全局优化问题的方法是很重要也是很必要的。

对于凸规划问题，即目标函数是凸函数，可行域是凸集的极小化问题，它的局部极小点就是全局极小点。因此，局部的最优性条件就是全局最优性条件，一般的求局部极小点的方法可以用来求全局极小点。我们对这一类问题不再讨论，而将注意力集中于那些不能直接运用局部理论的全局优化问题。

本博士论文将主要讨论一类具有特殊结构全局优化问题：0-1二次规划问题。对一般结构的全局优化问题，将在第五章中讨论它的一个算法。二次规划问题在传统的数学规划理论中就占有重要地位。二次函数是非线性函数中一类较为简单的函数。对二次问题的研究将有助于对一般非线性问题的研究。同时，二次规划问题本身在现实世界中也具有重要意义。很多二次规划问题都是NP难(NP-hard)或NP-完备的(NP-complete)。所以，无论是在局部优化问题还是全局优化问题的研究，二次规划问题始终得到广泛的重视，也取得了一系列的成果。同时，二次规划问题有着广泛的应用背景。0-1二次问题在组合理论中有很多实际的例子，例如著名的二次分派问题。对这一类全局优化问题的研究，是很有挑战性的，也是很有意义的。鉴于此，我们在第二章和第三章分别就无约束和有约束的0-1二次规划问题给出了相应的全局最优性条件。根据其中的某些条件，我们将在第四章讨论0-1二次规划问题的算法。在这一章，我们首先简单介绍一下目前国内外已有的关于全局优化问题的一些研究成果，包括全局最优性条件和全局优化的确定性算法。

## §1.2 全局最优性条件简介

在这一节,我们将简单介绍一下在全局优化研究领域中,关于全局最优性条件的一些成果。

在非线性规划理论中, KKT 条件、二阶充分条件等都是局部最优性条件。对这些条件,文献[6]有详细的阐述。而在全局优化领域,文献[27]和[28]总结并分析了一些相关的研究成果。在此以后,又有不少研究成果出现。我们在此介绍的是一些讨论较多的结论。

对一般结构的全局优化问题 $\min\{f(x): x \in R^n\}$, 1992 年, J. Benoist 和 J. -B. Hiriart-Urruty 得到这样一个结论(参见文献[27]):当 $f(x)$ 可微时, $\bar{x}$ 是 $f(x)$ 的全局极小当且仅当(1) $\nabla f(\bar{x}) = 0$; (2) $(\mathrm{co}f)(\bar{x}) = f(\bar{x})$。这里, $\mathrm{co}f$ 是 $f(x)$ 的凸包络。但是,对一般函数而言, $f(x)$ 的凸包络 $\mathrm{co}f$ 很难计算。所以上述结论中的第二个条件较难验证。但它可以有另 种形式的应用: 如果估计 $\mathrm{co}f$ 在点 $\bar{x}$ 的上界为 $l$,而 $l < f(\bar{x})$,那么 $\bar{x}$ 不可能是 $f(x)$ 的全局极小点。

另外,文献[28]中也介绍了在可微条件下,一些高阶的最优性条件。

对于一些特殊结构的全局优化问题,如 D. C. 规划、反凸规划、二次规划,目前也有不少相关的文献给出了它们的全局最优条件。下面我们作简单的介绍。

### §1.2.1 D. C. 规划、反凸规划

局部极小点是否是一个全局极小点,目标函数的凸性(拟凸、伪凸)起着重要作用。如果目标函数是凸的,那么局部信息“$\nabla f(\bar{x}) = 0$”就可以成为全局信息。因此,我们考虑如下两类问题:

(1) 在一个闭的凸集上求两个凸函数之差的极小点。(Difference of Convex functions,简称 D. C. 函数)

(2) 在一个凸集上求一个凸函数的极大点。

这两类问题是可以相互转换的。它们的共同特点是函数的凸性都出现了两次。但其中有一次是“反”的。这有利于我们运用凸分析技术,讨论它们的全局优化问题。

对于D. C. 规划的全局优化问题,不少文献中给出的全局最优条件与$\varepsilon$次梯度的概念有关。[30]中给出了这样一个结果:

**定理 1.2.1** 设$g$、$h$是凸函数,$\bar{x}$是$f=g-h$在$R^n$上的全局极小点当且仅当对任意的$\varepsilon>0$, $\partial_\varepsilon h(\bar{x})\subset\partial_\varepsilon g(\bar{x})$。

由此结论出发,可以就反凸规划问题得到一些相关的结论。将反凸规划问题记为$\{\max h(x): x\in C\}$, $h$是凸函数,$C$是非空的闭的凸集。如果$x\in C$, 定义$I_C(x)=0$; 否则,定义$I_C(x)=+\infty$。这样,通过构造$R^n$上的D. C. 函数$f(x):=I_C(x)-h(x)$, 求$h(x)$的全局极大问题就转化为求$f(x)$的全局极小问题。由于$\partial_\varepsilon I_C(\bar{x})=\{d\in R^n: d^T(x-\bar{x})\leqslant\varepsilon, x\in C\}$, 将此集合记为$N_\varepsilon(C, \bar{x})$,就可以得到如下结论:

**定理 1.2.2** 在上面的假设下,$\bar{x}$是$h$在$C$上的全局极大当且仅当对任意的$\varepsilon>0$, $\partial_\varepsilon h(\bar{x})\subset N_\varepsilon(C, \bar{x})$。

如果$h$(不一定是凸的)在$\bar{x}$点可微,那么$\bar{x}\in C$是$h$在$C$上的局部极大的一个必要条件是$\nabla h(\bar{x})\in N(C, \bar{x})$。如果$h$(不必在$\bar{x}$可微)是凸的,那么必要条件就是$\partial h(\bar{x})\subset N(C, \bar{x})$。这些恰好就是上述定理中$\varepsilon=0$的情形。而$\varepsilon>0$, 则是将这些条件变成了全局极大的充分必要条件。

以上两个定理不仅有各种形式的证明,而且对某些具体问题(例如二次规划问题),也有进一步的讨论。详细内容参见文献[12,27]和[30]。

以上两个结论将局部最优条件$\partial f(\bar{x})\subset N(C, \bar{x})$扩展成了全局最优条件$\partial_\varepsilon f(\bar{x})\subset N_\varepsilon(C, \bar{x})$。而A. Strekalovski在[80]中的工作是将水平超平面$\{x\in R^n: h(x)=r\}$和方向锥$N(C, x)=\{d\in R^n: d^T(c-x)\leqslant 0, \forall c\in C\}$的概念运用于全局优化问题。他证明了$\bar{x}$是

$h$ 在约束集 $C$ 上的全局极小当且仅当：对任意的满足 $h(x)=h(\bar{x})$ 的点 $x$，$\partial h(x)\subset N(C,x)$。2001 年，I. Tsevendorj 在文献[83]中对这些结论又作了进一步的讨论。

### §1.2.2 二次规划

所谓二次规划问题，是指在一定的约束条件下，求一个二次函数 $q(x)=\frac{1}{2}x^TQx+b^Tx$ 的全局极小。约束可以是二次函数、线性函数或整数。尽管目标函数和约束函数的形式并不复杂，但目前为止还没有普遍适用的全局最优性条件。对于某些特定的问题，近年来已经有了一定的进展。

首先，在 1993 年，J. J. More 发现当只有一个约束数函数 $g(x)=\frac{1}{2}x^TQ_1x+b_1^Tx\leqslant 0$ 时，$\bar{x}$ 成为 $q(x)$ 的全局极小的充要条件是：在 $\bar{x}$ 点，KKT 条件成立，并且 $Q+\bar{\mu}Q_1$ 是半正定的，其中 $\bar{\mu}$ 是 Lagrangian 乘子(参见文献[61])。1997 年，彭基民和袁亚湘在文献[70]中给出了当约束为两个二次函数 $g_i(x)=\frac{1}{2}x^TQ_ix+b_i^Tx\leqslant 0$ $(i=1,2)$ 时，$\bar{x}$ 成为一个二次函数的全局极小的一个充分条件和一个必要条件。在这些条件中，除了 KKT 条件以外，$\bar{x}$ 成为 $q(x)=\frac{1}{2}x^TQx+b^Tx$ 的全局极小的必要条件是：矩阵 $Q+\bar{\mu}_1Q_1+\bar{\mu}_2Q_2$ 至少有一个负的特征值。而充分条件是：$Q+\bar{\mu}_1Q_1+\bar{\mu}_2Q_2$ 是半正定的。

二次规划的一个经典问题是在 Euclidean 球上极小化一个二次函数的问题。这个问题的研究背景是：在优化理论的一些算法中，如“信赖域”方法，在无约束情况下极小化一个二次连续可微的函数，在第 $k$ 次迭代中，需要解如下形式的二次问题：

$$\min \varphi_k(x)=\frac{1}{2}x^TA_kx+b_k^Tx$$

$$s.t.\ \|x\|\leqslant\delta_k,\ \delta_k>0$$

其中 $\varphi_k$ 是目标函数的一个二次逼近，$\delta_k$ 是一个需要调节的参数。所以，我们需要研究当 $A$ 非正定时，下列问题的全局解。

$$\min f(x) = \frac{1}{2}x^T Ax + b^T x$$

$$s.t.\ \ \|x\| \leqslant \delta,\ \delta > 0$$

下面的结果是 J. J. More 和 D. C. Sorensen 于 1983 年得到的（参见文献[27]）。

**定理 1.2.3** 设 $C = \{x:\ \|x\| \leqslant \delta,\ \delta > 0\}$。$\bar{x} \in C$ 是 $f$ 在 $C$ 上的全局极小当且仅当存在 $\mu \geqslant 0$，使得 (1) $(A + \mu I_n)\bar{x} + b = 0$；(2) $\mu(\|\bar{x}\| - \delta) = 0$；(3) $A + \mu I_n$ 是半正定的。

另外，文献[27]中还对在不同的约束下，$\bar{x} = 0$ 成为函数 $q(x) = \frac{1}{2}xA^T x$ 的全局极小点的问题进行了讨论。当约束为 $Lx = 0$ 时，充要条件为 $\exists\mu \geqslant 0, A + \mu L^T L$ 在 $R^n$ 上正定。当约束为 $\frac{1}{2}x^T Bx = 0$ 或 $\frac{1}{2}x^T Bx \leqslant 0$ 时，充要条件为 $\exists\mu \geqslant 0, A + \mu B$ 在 $R^n$ 上正定。这些全局最优条件的共同特征是它们都与 Lagrangian 乘子有关，与矩阵的正定性有关。我们在下一章中讨论的一些二次问题的全局最优条件将 Lagrangian 乘子除去了。

2001 年，运用凸函数的 $\varepsilon$ 次梯度和 $\varepsilon$ 法方向的概念，J.-B. Hiriart-Urruty 讨论的是：约束为多个凸的二次函数时，极大化一个凸的二次函数的全局最优条件，参见文献[29]。而 A. Beck 和 M. Teboulle 在文献[7]中考虑的则是当 $x \in \{-1, 1\}^n$ 时，二次函数 $q(x)$ 得到全局极小的条件。这些成果我们将在以后的几章作较为详细的介绍。

## §1.3 全局优化的确定性算法概述

早期的全局优化算法主要可以分为以下三类：一是用局部极小

的算法，依次找到所有的局部极小点，然后比较它们的函数值。二是多个随机起点的方式。即随机地选取大量的起始点，从这些点出发，用局部极小算法找到相应的局部极小点，然后比较它们的函数值。三是辅助函数的方式。构造一个辅助函数，它在极小点的函数值小于已知的目标函数的极小值。这些算法各有长处和缺陷，对一些低维的问题比较有效。相关的文献参见[13,24-26,46,72]等等。

对一些特殊结构的全局优化问题的算法研究，近年来有了很大进展。例如D.C.规划问题、凹规划问题、单调规划问题、李普希兹规划问题等等。R. Horst、P. M. Pardalos、H. Tuy等在他们的著作[33-34,36,66,84]对这些问题的全局优化算法有详尽的叙述。使用的方法主要有外逼近法、内逼近法、割平面法、分枝定界法、参数法、对偶基的补偿法等等。在组合优化及整数规划领域，解全局极小化问题的最普遍的工具是应用分枝定界原理。而这一方法也被拓展到对连续函数求全局极小的领域中。分枝定界方法的实现主要是划分、定界和选择三个运算步骤。划分、定界和选择的不同产生不同的实现算法。文献[37,39,40]给出了定界的一些方法。文献[86]给出了选择的一个原则。文献[32]给出了分枝定界法求全局极小点的收敛性质。

对于一般结构的全局极小问题，近年来又有不少新的方法被相继提出。如积分水平集方法、填充函数法、打洞函数法等。早在1978年，郑权和蒋百松就提出了求全局极小的积分水平集方法。对这个方法的研究一直没有中断，文献[11,102,108-109]等都对此作了讨论。近年来，张连生、邬冬华、田蔚文等又对这个方法作了更深入的研究，参见文献[49,104-105]。

填充函数的方法是由葛人溥于1990年给出的。在[18]及以后一系列的文章中，葛人溥等人提出了若干填充函数的定义，构造了一些具体的填充函数。这些填充函数一般都带有一个或两个参数。参见文献[19-22]。然后刘显、徐争等人又做了许多工作。参见文献[54-56,90]等。填充函数的基本思想是：首先用现有的求局部极小点的方法，在可行域内找到目标函数 $f(x)$ 的一个局部极小点 $x^*$，然后构造一个辅助函数 $P(x, x^*)$，使 $P(x, x^*)$ 的某些"极小点" $x_1$ 满足 $f(x_1) < f(x^*)$，从而在极小化 $P(x, x^*)$ 的过程中，找到新的起始点 $x_1$ 来再次极小化 $f(x)$。这样的过程交替进行，直到找不到更好的点（$f(x)$ 更小的点）为止。理论的分析和数值结果都表明填充函数法是有效的全局优化算法，但它也存在着一定的缺陷。对于这些缺陷，我们将在第五章中对此进行详细的讨论。为了克服这些缺陷，张连生、李端和 NG, C. K. 等对填充函数的定义作了很大的改进，并给出了一些性质比较好的填充函数，参见文献[63]和[98]。张连生、李端和朱文兴等还把改进后的填充函数用于求解非线性整数规划，为求解非线性整数规划提供了一个有效的途径。参见文献[99,110]等。

打洞函数法是另一种通过辅助函数求全局极小的方法，由 A. V. Levy 和 A. Montalvo 于 1985 年提出，参见文献[48]。其算法也由两个阶段构成：极小化过程和打洞过程。极小化过程就是用一般的局部极小化的方法，找到 $f(x)$ 的一个局部极小点 $x^*$。然后，进入打洞过程。为此，构造打洞函数 $h(x) = \dfrac{f(x) - f(x^*)}{[(x - x^*)^T(x - x^*)]^\eta}$，通过解方程 $h(x) = 0$，找到新的不同于 $x^*$ 的点再次极小化 $f(x)$。由于在打洞过程中寻求方程 $h(x) = 0$ 的根并不容易，Yao 在文献[91]中提出动态打洞函数法。动态打洞方法由动态优化和动态打洞两个阶段组成。通过构造能量函数 $E$，在一系列初始条件下，由 $E$ 的微分方程找到 $E$ 的极小，这就是动态优化过程。而在动态打洞过程，由一些微分方程的动态流找到新的起始点以再次进行动态优化过程。在打洞方法和动态打洞方法中，局部下降的方法是相同的。不同的是，动态打洞系统在整个过程中是不变的。而打洞函数会随着被找到的极小点的越来越多而越来越复杂。并且动态打洞方法可以处理一些约束问题。但这两种方法面对的共同的问题是很难选择合适的参数。1996 年，Barhenin 等人在[3]中提出了下降的动态打洞方法以处理低维的全局优化问题。在此基础上，2001 年，E. M. Oblow 结合随机方法，将 Barhenin 的方法加以改进以处理高维问题，参见文献[64]。

## §1.4 相关定义和假设

在本论文中，将用到如下的假设和定义。设 $f(x)$：$R^n \to R$，是连续函数，并且满足强制性条件。即当 $\|x\| \to +\infty$ 时，$f(x) \to +\infty$。设向量 $x \in R^n$，它的 Euclidean 模（$l^2$ 模）定义为 $\|x\| := (\sum_{i=1}^{n} x_i^2)^{1/2}$。$l^\infty$ 模定义为 $\|x\|_\infty := \max_{1 \leqslant i \leqslant n} |x_i|$。设向量 $x = (x_1, \cdots, x_n)^T$，则相应的大写字母 $X = \mathrm{diag}(x)$ 表示以 $x_i$，$i = 1, \cdots, n$，为对角元素的对角矩阵。记 $\{e_i\}_{i=1}^n$ 为 $R^n$ 的 $n$ 个单位向量。向量 $e$ 的各个分量都是 1，即 $e = (1, \cdots, 1)^T$。对一个 $n \times n$ 矩阵 $Q$，以 $\lambda_1(Q)$ 表示其最大的特征值，以 $\lambda_n(Q)$ 表示其最小的特征值。$\mathrm{Diag}(Q)$ 是一个 $n \times n$ 对角矩阵，它的第 $i$ 个对角线元素等于 $Q$ 的对角线元素 $q_{ii}$。

本论文的余下部分将如下安排：第二章介绍无约束的 0-1 二次规划的全局最优条件。第三章介绍带有线性约束的 0-1 二次规划的全局最优条件。无约束的 0-1 二次规划的算法将在第四章中进行讨论。第五章对一般结构的全局优化问题给出一个无参数的填充函数法。

# 第二章　无约束 0 - 1 二次规划问题的全局最优性条件

## §2.1　引言

二次规划问题始终是数学规划理论的重要组成部分。在理论上，二次函数是非线性函数中较为简单的一类函数。由于很多函数可以用二次函数来逼近。所以二次规划问题在非线性规划理论中占有重要地位（参见第一章第二节）。在实际中，二次问题也有着广泛的应用背景。

一般的二次规划问题表述为：

$$(P) \qquad \min q(x) = \frac{1}{2}x^T Q x + b^T x$$

$$s.t.\ \ x \in C$$

这里，$Q$ 是 $n \times n$ 实对称矩阵，$b \in R^n$ 是 $n$ 维向量。而约束函数可以是二次函数、线性函数，或者整数。当约束之一为 $x \in \{0, 1\}^n$ 时，它就是 0 - 1 二次规划问题。

0 - 1 二次规划问题是组合优化理论重要的研究对象。它也有很多实际的应用，例如二次分派问题，图论中的极大团问题等等，参见文献[33]。然而关于该问题的全局最优性条件，目前的结果还不是很多。正如我们在第一章中所介绍的那样，J. J. More 研究了只有一个二次的约束函数时，$\bar{x}$ 成为二次函数 $q(x)$ 的全局极小的充要条件（参见文献[61]）。彭基民和袁亚湘研究的是约束为两个二次函数时，$\bar{x}$ 成为一个二次函数的全局极小的充分条件和必要条件（参见文献[70]）。J. B. Hiriart-Urruty 讨论的则是约束为多个凸的二次函数,极大化一个凸的二次函数的全局最优条件(参见文献[29])。这些全局最优条件的共同特征是它们都与Lagrangian乘子有关,与矩阵的正定性有关。因此,在实际运用中,这些条件都很难验证。2000年,A. Beck和M. Teboulle在文献[7]中研究了当$x \in \{-1, 1\}^n$时,二次函数$q(x)$得到全局极小的条件。他们得到的全局最优条件仅由原问题的数据表达,而无需对偶变量。这样,就使得这些条件可以较容易地被验证。

本论文研究的主要对象之一是0-1二次规划问题。在这一章,我们先研究无约束的0-1二次规划的全局最优条件。在下一章,再研究带有线性约束的0-1二次规划问题的全局最优条件。我们希望我们所得到的全局最优性条件不仅在理论上有意义,而且在实际中也可以较容易地被验证。

为了得到无约束的0-1二次问题的全局最优的充分必要条件,我们将首先在第三节中给出在线性约束条件下,$\bar{x}$成为一个凸的二次函数的全局极大点的充分必要条件。从这个结论出发,我们可以得到无约束0-1二次规划问题的全局最优解的充分必要条件。同时,我们发现我们得到的结论与文献[7]中的某些结论之间存在着某种联系。如果将[7]中的充分条件减弱,并增加一个条件,那么[7]中的充分条件就可以成为充要条件。或者在[7]所给出必要条件的基础上增加一个二阶的条件,也能得到充要条件。这是本章第四节的主要内容。在第五节,我们将注意力放在必要条件上。同时,也关注必要条件在实际中的易操作性、易被检验的问题。为此,我们采用的方法是:降低全局最优条件中的维数,在比原问题维数更低的空间中,给出一些简洁的必要条件。

本章内容,主要来自[9]。

## §2.2 充分条件和必要条件

首先,我们回顾一下文献[7]中的一些结论。在[7]中被讨论的

问题是

$$(D_1)\quad \min\left\{q(x)=\frac{1}{2}x^TQx+b^Tx: x\in\{-1, 1\}^n\right\}$$

在文章中,A. Beck 和 M. Teboulle 得到了使 $x$ 成为$(D_1)$的全局最优解的一个充分条件和一个必要条件。

**定理 2.2.1**[7] 设问题$(D_1)$中的 $Q$ 为实对称矩阵。$x\in\{-1, 1\}^n$,$X$ 是相应于 $x$ 的对角矩阵。若 $\lambda_n(Q)e\geqslant XQXe+Xb$,则 $x$ 是$(D_1)$的全局最优解。

**定理 2.2.2**[7] 设问题$(D_1)$中的 $Q$ 为实对称矩阵。若 $x\in\{-1, 1\}^n$ 是$(D_1)$的全局最优解,则 $XQXe+Xb\leqslant \mathrm{Diag}(Q)e$。

对问题$(D_1)$而言,其相应的松弛问题为

$$(C_1)\quad \min q(x),\ s.t.\ x\in C_1=\{x\in R^n: x_i^2\leqslant 1,\ i=1, \cdots, n\}$$

在上述两个定理的基础上,作者进一步研究了当系数矩阵 $Q$ 是半正定矩阵时,原问题$(D_1)$的全局极小点和松弛问题$(C_1)$的全局极小点之间的关系。

**定理 2.2.3**[7] 设问题$(D_1)$中的矩阵 $Q$ 为半正定矩阵。若 $x=Xe\in\{-1, 1\}^n$,则当且仅当 $XQXe+Xb\leqslant 0$ 时,$x$ 同时是$(C_1)$和$(D_1)$的全局极小解。

**定理 2.2.4**[7] 设问题$(D_1)$中的矩阵 $Q$ 为半正定矩阵。设 $x$ 是凸问题$(C_1)$的最优解,如果 $y\in\{-1, 1\}^n$ 满足以下两个条件:(1) 当 $x_i^2=1$ 时,$y_i=x_i$;(2) $YQ(y-x)\leqslant\lambda_n(Q)e$,那么 $y$ 是$(D_1)$的全局最优解。

这四个定理是文献[7]的主要结果。由于这些结果都只用到了问题本身的数据,没有出现对偶变量,所以要验证它们并不困难。

为了得到 0-1 问题的相应的结果,我们首先讨论取值为 $x\in\{a, c\}^n$ 的二次函数的优化问题:

$$(D_{ac})\quad \min\left\{q(x)=\frac{1}{2}x^TQx+b^Tx,\ x\in\{a, c\}^n\right\}$$

其中 $a < c$ 是两个整数。设 $e = (1, \cdots, 1)^T$，$y \in \{-1, 1\}^n$，运用如下的线性变换，$x = \frac{c-a}{2}y + \frac{c+a}{2}e$，就可得到对任意的 $i = 1, \cdots, n$，当 $y_i = -1$ 时，$x_i = a$；当 $y_i = 1$ 时，$x_i = c$。于是就有

$$
\begin{aligned}
q(x) &= \frac{1}{2}x^TQx + b^Tx \\
&= \frac{1}{2}\left(\frac{c-a}{2}y + \frac{c+a}{2}e\right)^T Q\left(\frac{c-a}{2}y + \frac{c+a}{2}e\right) + b^T\left(\frac{c-a}{2}y + \frac{c+a}{2}e\right) \\
&= \frac{1}{2}y^T\left(\left(\frac{c-a}{2}\right)^2 Q\right)y + \left(\frac{c^2-a^2}{4}e^TQ + \frac{c-a}{2}b^T\right)y + \\
&\quad \frac{(c+a)^2}{8}e^TQe + \frac{c+a}{2}b^Te
\end{aligned}
$$

令 $Q_1 = \left(\frac{c-a}{2}\right)^2 Q$，$b_1 = \frac{c^2-a^2}{4}Qe + \frac{c-a}{2}b$，$c_1 = \frac{(c+a)^2}{8}e^TQe + \frac{c+a}{2}b^Te$，就有

$$
q(x) = \frac{1}{2}y^TQ_1y + b_1^Ty + c_1 = q_1(y)
$$

记问题($D_1$)为

$$
(D_1) \quad \min q_1(y),\ s.t.\ y \in \{-1, 1\}^n
$$

显然 $x$ 是问题($D_{ac}$)的最优解当且仅当 $y$ 是问题($D_1$)的最优解。因为 $y = \frac{2x-(c+a)e}{c-a}$，其相应的对角矩阵 $Y = \frac{2}{c-a}X - \frac{c+a}{c-a}I$，所以

$$
\begin{aligned}
& YQ_1Ye + Yb = Y(Q_1y + b_1) \\
&= \left(\frac{2}{c-a}X - \frac{c+a}{c-a}I\right)\left[\left(\frac{c-a}{2}\right)^2 Q\left(\frac{2}{c-a}x - \frac{c+a}{c-a}e\right) + \right. \\
&\quad \left. \frac{c^2-a^2}{4}Qe + \frac{c-a}{2}b\right]
\end{aligned}
$$

$$= \left(\frac{2}{c-a}X - \frac{c+a}{c-a}I\right)\cdot \frac{c-a}{2}(Qx+b)$$

$$= \left(X - \frac{c+a}{2}\right)(Qx+b)$$

同时，由矩阵的性质可得：$\mathrm{Diag}(Q_1) = \left(\frac{c-a}{2}\right)^2 \mathrm{Diag}(Q)$，$\lambda_n(Q_1) = \min\limits_{\|x\|\neq 0} \frac{x^T Q_1 x}{x^T x} = \left(\frac{c-a}{2}\right)^2 \lambda_n(Q)$。这样，定理 2.2.1 和定理 2.2.2 给出的充分条件和必要条件就化为如下定理：

**定理 2.2.5** 设问题($D_{ac}$)中的 $Q$ 为实对称矩阵。$x \in \{a, c\}^n$，$X$ 是相应于 $x$ 的对角矩阵。若 $\left(\frac{2}{c-a}\right)^2 \left(X - \frac{c+a}{2}I\right)(Qx+b) \leqslant \lambda_n(Q)e$，则 $x$ 是($D_{ac}$)的全局最优解。

**定理 2.2.6** 设问题($D_{ac}$)中的 $Q$ 为实对称矩阵。若 $x \in \{a, c\}^n$ 是($D_{ac}$)的全局最优解，则 $\left(\frac{2}{c-a}\right)^2 \left(X - \frac{c+a}{2}I\right)(Qx+b) \leqslant \mathrm{Diag}(Q)e$。

同理，可将定理 2.2.3 和 2.2.4 的结论化为相应于问题($D_{ac}$)的有关结论。

再来看 0-1 二次规划问题($D$)：$\min\{q(x): x \in \{0, 1\}^n\}$。我们只要令 $a=0$，$c=1$，那么 $x = \frac{1}{2}y + \frac{1}{2}e$。于是可以得到如下一系列结论：

**定理 2.2.7** 设 0-1 二次问题($D$)中的 $Q$ 是实对称矩阵，$x = Xe \in \{0, 1\}^n$ 是可行点，若

$$[SC1] \quad 2(2X-I)(Qx+b) \leqslant \lambda_n(Q)e,$$

则 $x$ 是($D$)的全局最优解。

**定理 2.2.8** 设 0-1 二次问题($D$)中的 $Q$ 是实对称矩阵。若 $x = Xe \in \{0, 1\}^n$ 是问题($D$)的全局最优解，则

$$[NC1] \quad 2(2X-I)(Qx+b) \leqslant \mathrm{Diag}(Q)e$$

相应于问题($D$)的松弛问题为：

$$(C) \qquad \min q(x) = \frac{1}{2}x^T Qx + b^T x$$

$$s.t. \ (2x_i - 1)^2 \leqslant 1, \ i = 1, \cdots, n$$

当$Q$为半正定矩阵时，由于 $x \in \{0, 1\}^n$，问题($D$)的可行域不是凸集，所以问题($D$)仍然是一个非凸的问题。但问题($C$)在此时是一个凸规划问题，因为它的可行域为$(2x_i - 1)^2 \leqslant 1, i = 1, \cdots, n$。下面的两个定理表明了当$Q$为半正定矩阵时，这两个问题的最优解之间的关系。

**定理 2.2.9** 设问题($D$)中的矩阵$Q$是半正定矩阵。若 $x = Xe \in \{0, 1\}^n$，则$x$同时是问题($D$)和问题($C$)的全局最优解当且仅当$(2X-I)(Qx+b) \leqslant 0$。

**定理 2.2.10** 设问题($D$)中的矩阵$Q$是半正定矩阵，$x$是凸规划问题($C$)的最优解。如果$y \in \{0, 1\}^n$满足以下两个条件：(1) 当$(2x_i - 1)^2 = 1$时$y_i = x_i$；(2) $2(2Y-I)Q(y-x) \leqslant \lambda_n(Q)e$，则$y$是问题($D$)的全局最优解。

这两个定理的证明类似于定理 2.2.7 和定理 2.2.8，只要作一个线性变换就可以从定理 2.2.3 和定理 2.2.4 得到。在此不再赘述。

## §2.3 带有线性约束的二次规划的全局最优条件

为了给出0-1二次规划问题全局最优解的充分必要条件，在本节，我们首先考虑约束是线性函数，目标函数是凹的二次函数的全局最优的充分必要条件。这个结论不仅可以被用来证明0-1二次规划问题的相关结果，而且该结论本身也是全局最优性条件在二次规划问题方面的一个成果。

不定二次规划问题在组合优化及其他很多领域有广泛的应用。Pardalos 在文献[69]中指出，解不定二次规划问题是 NP - hard 问题。甚至给出一个可行点，检验其是否为局部解也是 NP - hard 的，参见文献[67]。Pardalos 在文献[68]中指出，对此类问题，一般来说，没有局部的准则可用于全局优化问题。为了说明这个观点，他给出了一个例子：$\max\left\{\sum_{i=1}^{n}\left(\frac{1}{2}x_i+x_i^2\right): -1\leqslant x_i\leqslant 1,\ i=1,\cdots,n\right\}$，在此例中，共有 $3^n$ 个 KKT 点，$2^n$ 个局部极大点。所以，尽管目标函数和约束函数的形式比较简单，不定二次规划的全局优化问题还是非常值得探讨的问题。我们对带有线性约束的二次规划问题的讨论，是很有意义的。

由于在线性约束下求一个凹的二次函数的极大点，可以被看成在凸集上极大化一个凸函数的特殊情形，为此，我们首先介绍文献[27 - 29]中的一些相关内容。

设 $f: R^n\to R$ 是凸函数，$C$ 是 $R^n$ 上的闭的凸集。我们将要用到如下定义：

**定义 2.3.1**[27]　设 $\varepsilon\geqslant 0$，$f(x)$ 在 $\bar{x}$ 的 $\varepsilon$ 次梯度是 $R^n$ 中满足对 $\forall x\in R^n$，$f(x)\geqslant f(\bar{x})+d^T(x-\bar{x})-\varepsilon$ 的方向的集合，记为 $\partial_\varepsilon f(\bar{x})=\{d\in R^n: f(x)\geqslant f(\bar{x})+d^T(x-\bar{x})-\varepsilon,\ \forall x\in R^n\}$。

**定义 2.3.2**[27]　设 $\varepsilon\geqslant 0$，$\bar{x}\in C$。$\bar{x}$ 对 $C$ 的 $\varepsilon$ -法方向集是 $R^n$ 中满足对 $\forall x\in C$，$d^T(x-\bar{x})\leqslant\varepsilon$ 的方向的集合。记为 $N_\varepsilon(C,\bar{x})=\{d\in R^n: d^T(x-\bar{x})\leqslant\varepsilon,\ \forall x\in C\}$。

下面的引理刻画了 $f(x)$ 在 $C$ 上的极大点 $\bar{x}$ 的一般特征。

**引理 2.3.1**[27]　设 $f(x)$ 是凸函数，$C$ 是非空闭的凸集，$\bar{x}\in C$。那么 $\bar{x}$ 是 $f$ 在 $C$ 上的全局极大点当且仅当：对任意 $\varepsilon>0$，$\partial_\varepsilon f(\bar{x})\subset N_\varepsilon(C,\bar{x})$。

运用支撑函数的概念，上述引理将有另一种表述方式。为此，我们给出 $\partial_\varepsilon f(\bar{x})$ 和 $N_\varepsilon(C,\bar{x})$ 的支撑函数的定义。

**定义 2.3.3**[27]　$\partial_\varepsilon f(\bar{x})$ 的支撑函数，又称为 $f(x)$ 在 $\bar{x}$ 的 $\varepsilon$ 方向

导数，记为 $f'_\varepsilon(\bar{x}, \cdot)$，由下式定义：

$$d \in R^n \mapsto f'_\varepsilon(\bar{x}, d) = \inf_{t>0} \frac{f(\bar{x}+td) - f(\bar{x}) + \varepsilon}{t}$$

**定义 2.3.4**[27] $N_\varepsilon(C, \bar{x})$的支撑函数，记为$(I_C)'_\varepsilon(\bar{x}, \cdot)$，由下式定义：

$$d \in R^n \mapsto (I_C)'_\varepsilon(\bar{x}, d) = \inf\left\{\frac{\varepsilon}{t}: t > 0, \bar{x} + td \in C\right\}$$

于是上述引理可被写为：

**引理 2.3.2**[29] 设 $f(x)$是凸函数，$C$ 是非空闭的凸集，$\bar{x} \in C$。那么$\bar{x}$是 $f$ 在$C$ 上的全局极大点当且仅当：对任意 $d \in R^n$，任意 $\varepsilon > 0$，有 $f'_\varepsilon(\bar{x}, d) \leqslant (I_C)'_\varepsilon(\bar{x}, d)$。

正如 J. B. Hiriart-Urruty 在文献[27]和[29]中所指出的那样，由于 $f'_\varepsilon(\bar{x}, d) \leqslant (I_C)'_\varepsilon(\bar{x}, d)$ 要对任意的 $d \in R^n$和任意的 $\varepsilon > 0$ 都成立，所以通常情况下引理 2.3.1 和引理 2.3.2 都是很难验证的。在此，我们将这些结论运用于二次函数，得到一些具体的表达式。

我们将考虑如下二次规划问题：

$$\max q(x) = \frac{1}{2}x^TQx + b^Tx$$

$$(P) \quad s.t.\ a_j^Tx \leqslant b_j,\ j = 1, \cdots, m$$

$$a_j^Tx = b_j,\ j = m+1, \cdots, s$$

将$(P)$的可行集记为 $C = \{x: a_j^Tx \leqslant b_j,\ j = 1, \cdots, m;\ a_j^Tx = b_j,\ j = m+1, \cdots, s\}$，它是一个闭的凸集。运用引理 2.3.2 可以得到如下结果：

**定理 2.3.1** 设问题$(P)$中的 $Q$ 是半正定矩阵，$\bar{x}$是$(P)$的可行点。记 $I(\bar{x}) = \{j: a_j\bar{x} = b_j, 1 \leqslant j \leqslant m\}$，$J_d = \{j: a_j^Td > 0, j \overline{\in} I(\bar{x}), 1 \leqslant j \leqslant m\}$，$T(\bar{x}) = \{d \in R^n: a_j^Td \leqslant 0, j \in I(\bar{x});\ a_j^Td =$

$0, j=m+1, \cdots, s\}$。设 $J_d \neq \emptyset$，则 $\bar{x}$ 是 $(P)$ 的全局极大点当且仅当以下两个条件成立：对任意的 $d \in T(\bar{x})$，

(2.3.1.1)　$d^T(Q\bar{x}+b) \leqslant 0$

(2.3.1.2)　$d^TQd \leqslant \dfrac{-2d^T(Qx+b)}{t_d}$，$t_d = \min\limits_{j\in J_d} \dfrac{b_j - a_j^T\bar{x}}{a_j^Td}$

**证明：** 为了运用引理 2.3.2，我们首先计算 $q'_\varepsilon(\bar{x}, d)$。对 $d \in R^n$，记

$$\varphi(t) = \frac{q(\bar{x}+td)-q(\bar{x})+\varepsilon}{t} = \frac{1}{t}\left(td^TQ\bar{x}+td^Tb+\frac{1}{2}t^2d^TQd+\varepsilon\right)$$

$$= d^T(Q\bar{x}+b)+\frac{1}{2}td^TQd+\frac{\varepsilon}{t}$$

显然 $\varphi'(t) = \dfrac{1}{2}d^TQd - \dfrac{\varepsilon}{t^2}$。令 $\varphi'(t)=0$，可解得 $t=\sqrt{\dfrac{2\varepsilon}{d^TQd}}$。因为当 $t>\sqrt{\dfrac{2\varepsilon}{d^TQd}}$ 时，$\varphi'(t)>0$；当 $0<t<\sqrt{\dfrac{2\varepsilon}{d^TQd}}$ 时，$\varphi'(t)<0$。故 $t=\sqrt{\dfrac{2\varepsilon}{d^TQd}}$ 是 $\varphi(t)$ 的一个极小点。于是

$$q'_\varepsilon(\bar{x}, d) = d^T(Q\bar{x}+b)+\frac{1}{2}\sqrt{\frac{2\varepsilon}{d^TQd}}d^TQd+\varepsilon\sqrt{\frac{d^TQd}{2\varepsilon}}$$

$$= d^T(Q\bar{x}+b)+\sqrt{2\varepsilon d^TQd}$$

令

$$\begin{aligned} t_d &= \sup\{t>0: \bar{x}+td \in C\} \\ &= \sup\{t>0: ta_j^Td \leqslant b_j - a_j^T\bar{x},\ j=1, \cdots, m; \\ &\qquad ta_j^Td = 0,\ j=m+1, \cdots, s\} \end{aligned}$$

对 $j=m+1, \cdots, s$，要使 $\bar{x}+td \in C$ 对 $t\in(0, +\infty)$ 成立，需有

$a_j^T d = 0$。对 $j \in I(\bar{x})$,有 $b_j - a_j^T \bar{x} = 0$，故当 $a_j^T d \leqslant 0$ 时，$t a_j^T d \leqslant b_j - a_j^T \bar{x}$ 将对 $t \in (0, +\infty)$ 成立。对于 $j \overline{\in} I(\bar{x})$，$1 \leqslant j \leqslant m$,有 $b_j - a_j^T \bar{x} > 0$。若 $a_j^T d \leqslant 0$,则 $t a_j^T d \leqslant b_j - a_j^T \bar{x}$ 对 $t \in (0, +\infty)$ 都成立；若 $a_j^T d > 0$,则 $t a_j^T d \leqslant b_j - a_j \bar{x}$ 只对 $t \in \left(0, \dfrac{b_j - a_j^T \bar{x}}{a_j^T d}\right)$ 成立。所以,对 $d \in T(\bar{x}, d)$，若 $J_d \neq \emptyset$，$t_d = \min\limits_{j \in J_d} \dfrac{b_j - a_j^T \bar{x}}{a_j^T d}$；若 $J_d = \emptyset$，则 $t_d = +\infty$。

由引理 2.3.2，$q'_\varepsilon(\bar{x}, d) \leqslant (I_C)'_\varepsilon(\bar{x}, d)$ 意味着对任意 $\varepsilon > 0$，

$$d^T(Q\bar{x} + b) + \sqrt{2\varepsilon d^T Q d} \leqslant \frac{\varepsilon}{t_d}, \ \forall \varepsilon > 0 \tag{2.3.1}$$

显然 $t_d \neq \infty$,否则上式不能对所有的 $\varepsilon > 0$ 都成立。于是当 $J_d \neq \emptyset$ 时，令 $\alpha = \sqrt{\varepsilon}$，$\psi(\alpha) = d^T(Q\bar{x} + b) + \alpha\sqrt{2d^T Q d} - \dfrac{\alpha^2}{t_d}$。不等式(2.3.1)即为

$$\psi(\alpha) \leqslant 0, \ \forall \alpha > 0 \tag{2.3.2}$$

$\psi(\alpha)$ 是关于 $\alpha$ 的一元二次函数,二次项 $\alpha^2$ 的系数为 $-\dfrac{1}{t_d}$。由于 $-\dfrac{1}{t_d} < 0$,若 $\psi(\alpha) \leqslant 0$ 仅对 $\alpha > 0$ 成立,那么它的判别式 $\Delta = (\sqrt{2d^T Q d})^2 - 4\left(-\dfrac{1}{t_d}\right) d^T(Q\bar{x} + b) \leqslant 0$ 不一定会成立。但在此,我们可以证明(2.3.2)等价于

$$\psi(\alpha) \leqslant 0, \ \forall \alpha \in R \tag{2.3.3}$$

由于 $\psi(\alpha) = -\dfrac{1}{t_d}\left(\alpha - \dfrac{t_d}{2}\sqrt{2d^T Q d}\right)^2 + \dfrac{t_d}{2} d^T Q d + d^T(Q\bar{x} + b)$，$\alpha^* = \dfrac{t_d}{2}\sqrt{2d^T Q d}$ 是 $\psi(\alpha)$ 的极大点。在本定理的假设下，$Q$ 是半正定的,故 $\sqrt{2d^T Q d} \geqslant 0$。于是 $\alpha^* = \dfrac{t_d}{2}\sqrt{2d^T Q d} \geqslant 0$。当 $\alpha^* > 0$ 时,若(2.3.2)成立,那么对任意 $\alpha \in R$，$\psi(\alpha) \leqslant \psi(\alpha^*) \leqslant 0$。当 $\alpha^* = 0$ 时，$\sqrt{2d^T Q d} =$

$0$，$\psi(\alpha)=-\frac{1}{t_d}\alpha^2+d^T(Q\bar{x}+b)$。由于$\psi(-\alpha)=\psi(\alpha)$，若(2.3.2)成立，那么对$\alpha<0$，$\psi(\alpha)\leqslant 0$亦成立。由连续性，又有$\psi(0)\leqslant 0$。所以当(2.3.2)成立时，$\psi(\alpha)\leqslant 0$对任意$\alpha\in R$都能成立，即(2.3.2)等价于(2.3.3)。而(2.3.3)成立当且仅当

$$\Delta=(\sqrt{2d^TQd})^2-4\left(-\frac{1}{t_d}\right)d^T(Q\bar{x}+b)\leqslant 0 \qquad (2.3.4)$$

将(2.3.4)整理后得到：

$$d^TQd\leqslant\frac{-2d^T(Q\bar{x}+b)}{t_d}$$

进一步，由于$Q$是半正定的，为使上述不等式成立，$d^T(Q\bar{x}+b)\leqslant 0$是必需的。所以由引理2.3.2，$\bar{x}$是$(P)$的全局极大当且仅当条件(2.3.1.1)和条件(2.3.1.2)成立。证毕。

**例2.3.1** 考虑如下问题：

$$\max q(x)=x_1^2+x_2^2$$

$$s.t.\ x_1+4x_2\leqslant 6,\ x_1\leqslant 2,\ x_1,\ x_2\geqslant 0$$

这里$Q=2I$，$b=0$，且有四个约束：$g_1(x)=x_1+4x_2\leqslant 6$；$g_2(x)=x_1\leqslant 2$；$g_3(x)=-x_1\leqslant 0$和$g_4(x)=-x_2\leqslant 0$。$a_1=(1,4)^T$，$a_2=(1,0)^T$，$a_3=(-1,0)^T$，$a_4=(0,-1)^T$。

对$\bar{x}=(2,1)^T$，$I(\bar{x})=\{1,2\}$，$T(\bar{x})=\{d\in R^n: d_1+4d_2\leqslant 0,\ d_1\leqslant 0\}$。设$d\in T(\bar{x},d)$，则$d^T(Q\bar{x}+b)=2(2d_1+d_2)=\frac{1}{2}(7d_1+d_1+4d_2)\leqslant 0$，所以条件(2.3.1.1)成立。为检验(2.3.1.2)是否成立，我们分四种情形进行讨论。

**情形1：**$d_1=0$，$d_2\leqslant-\frac{1}{4}d_1=0$。因为$a_3^Td=0$，$a_4^Td=-d_2$，所以当$d_2=0$时，$J_d=\emptyset$。当$d_2<0$，$J_d=\{4\}$，$t_d=\frac{0-a_4^T\bar{x}}{a_4^Td}=-\frac{1}{d_2}$。

而 $d^TQd=2(d_1^2+d_2^2)=2d_2^2$，$\dfrac{-2d^T(Q\bar{x}+b)}{t_d}=4d_2(2d_1+d_2)=4d_2^2$，故(2.3.1.2)成立。

**情形2:** $2d_2\leqslant d_1<0$。因为 $a_3^Td=-d_1>0$，$a_4^Td=-d_2>0$，所以 $J_d=\{3,4\}$，$t_d=\min\left(\dfrac{0-a_3^T\bar{x}}{a_3^Td},\dfrac{0-a_4^T\bar{x}}{a_4^Td}\right)=\min\left(\dfrac{-2}{d_1},\dfrac{-1}{d_2}\right)=-\dfrac{1}{d_2}$。由于 $2d_2-d_1\leqslant 0$，$d_1(2d_2-d_1)\geqslant 0$，$d_2^2+4d_1d_2-d_1^2=d_2^2+2d_1d_2+d_1(2d_2-d_1)\geqslant 0$，故 $d^TQd=2(d_1^2+d_2^2)\leqslant 4d_2(2d_1+d_2)=\dfrac{-2d^T(Q\bar{x}+b)}{t_d}$，(2.3.1.2)成立。

**情形3:** $d_1<2d_2<0$。类似于情形2，$J_d=\{3,4\}$，但 $t_d=-\dfrac{2}{d_1}$。由 $d_1<2d_2<d_2<0$，$d_2(d_1-d_2)>0$，$d_1^2+d_1d_2-d_2^2=d_1^2+d_2(d_1-d_2)>0$，可得 $d^TQd=2(d_1^2+d_2^2)<2d_1(2d_1+d_2)=\dfrac{-2d^T(Q\bar{x}+b)}{t_d}$，(2.3.1.2)成立。

**情形4:** $d_1<0\leqslant d_2\leqslant-\dfrac{1}{4}d_1$。因为 $a_3^Td=-d_1>0$，$a_4^Td=-d_2\leqslant 0$，所以 $J_d=\{3\}$，$t_d=-\dfrac{2}{d_1}$。由 $d_1<0\leqslant d_2\leqslant-\dfrac{1}{4}d_1$ 可得 $d_1d_2\geqslant-\dfrac{1}{4}d_1^2$，$-d_2^2\geqslant-\dfrac{1}{16}d_1^2$，故 $d_1^2+d_1d_2-d_2^2\geqslant d_1^2-\dfrac{1}{4}d_1^2-\dfrac{1}{16}d_1^2=\dfrac{11}{16}d_1^2\geqslant 0$。于是 $d^TQd=2(d_1^2+d_2^2)\leqslant 2d_1(2d_1+d_2)=\dfrac{-2d^T(Q\bar{x}+b)}{t_d}$，(2.3.1.2)成立。

所以对任意的 $d\in T(\bar{x},d)$，条件(2.3.1.1)和(2.3.1.2)都成立，$\bar{x}=(2,1)^T$ 是该问题的全局极大。

事实上，$x_1^2+x_2^2$ 是一个凸函数，而可行域又是一个多胞体，如果该问题有极大点，那么它一定是在顶点上。可行域共有四个顶点：$x^{(1)}=(2,1)^T$，$x^{(2)}=(2,0)^T$，$x^{(3)}=(0,1.5)^T$ 和 $x^{(4)}=(0,0)^T$。

易知 $q(x^{(1)})=5$，$q(x^{(2)})=4$，$q(x^{(3)})=2.25$，$q(x^{(4)})=0$。所以 $x^{(1)}=(2,1)^T=\bar{x}$ 是全局极大。

对 $x^{(2)}=(2,0)^T$，$I(x^{(2)})=\{2,4\}$，$T(x^{(2)})=\{d\in R^n: d_1\leqslant 0,\ d_2\geqslant 0\}$。取 $d=(0,1)^T\in T(x^{(2)})$，则 $J_d=\{1\}$，$d^TQd=2>0=\dfrac{-2d^T(Qx^{(2)}+b)}{t_d}$，可见条件(2.3.1.2)不成立。

对 $x^{(3)}=(0,1.5)^T$，$I(x^{(3)})=\{1,3\}$，$T(x^{(3)})=\{d\in R^n: d_1\geqslant 0,\ d_1+4d_2\leqslant 0\}$。取 $d=(2,-1)^T\in T(x^{(3)})$，则 $J_d=\{2,4\}$，$t_d=1$，$d^TQd=10>6=-2d^T(Qx^{(3)}+b)$，(2.3.1.2)也不成立。

对 $x^{(4)}=(0,0)^T$，$I(x^{(2)})=\{3,4\}$，$T(x^{(4)})=\{d\in R^n: d_1\geqslant 0,\ d_2\geqslant 0\}$。取 $d=(0,1)^T\in T(x^{(4)})$，$J_d=\{1\}$，则 $d^TQd=2>0=\dfrac{-2d^T(Qx^{(2)}+b)}{t_d}$，(2.3.1.2)仍不成立。

这个例子清楚地表明，定理 2.3.1 给出的条件是充分且必要的。

## §2.4 0-1 问题全局最优的充分必要条件

在本节，我们将要研究 0-1 二次规划问题的全局最优条件。考虑如下二次规划问题：

$$(D)\quad \min q(x)=\frac{1}{2}x^TQx+b^Tx$$

$$s.t.\ x\in\{0,1\}^n$$

对 $\bar{x}\in\{0,1\}^n$，记 $E(\bar{x})=\{i: \bar{x}_i=1,\ i=1,\cdots,n\}$，$N_0=\{1,\cdots,n\}$，$T=\{d\in R^n: d_i\leqslant 0\text{ 当 }i\in E(\bar{x}); d_i\geqslant 0\text{ 当 }i\in N_0\backslash E(\bar{x})\}$。即 $\forall d\in T$，对 $i=1,\cdots,n$，当 $x_i=1$ 时，$d_i\leqslant 0$；当 $x_i=0$ 时，$d_i\geqslant 0$。

由定理 2.3.1 的结论出发，我们进一步证明如下定理。

**定理 2.4.1** 设问题$(D)$中的 $Q$ 是半负定的对称矩阵，$\bar{x}\in\{0,1\}^n$。则 $\bar{x}$ 是$(D)$的全局极小当且仅当对任意的 $d\in T$，下面两个不等式成立：

(2.4.1.1) $d^T(Q\bar{x}+b)\geqslant 0$

(2.4.1.2) $-d^TQd\leqslant 2\|d\|_\infty d^T(Q\bar{x}+b)$

**证明：** 由于在多胞体上，凹函数总是在顶点达到极小，所以 $Q$ 是半负定的对称矩阵时，下面三个二次问题是等价的：

$$(D)\quad \min q(x)=\frac{1}{2}x^TQx+b^Tx$$

$$s.t.\ x\in\{0,1\}^n$$

$$(P_1)\quad \min q(x)=\frac{1}{2}x^TQx+b^Tx$$

$$s.t.\ 0\leqslant x\leqslant e$$

$$(P_2)\quad \max -q(x)=\frac{1}{2}x^T(-Q)x+(-b)^Tx$$

$$s.t.\ 0\leqslant x\leqslant e$$

所以我们只要研究问题 $(P_2)$ 的全局最优条件就能得到问题 $(D)$ 的相应结论。

$(P_2)$ 的约束可写成：$e_i^Tx\leqslant 1$，和 $-e_i^Tx\leqslant 0$，$i=1,\cdots,n$。当 $\bar{x}\in\{0,1\}^n$，在这些约束中只有 $n$ 个积极约束：对于指标 $i\in E(\bar{x})$，$e_i^T\bar{x}=1$ 以及对于 $i\in N_0\backslash E(\bar{x})$，$-e_i^T\bar{x}=0$。如果 $d$ 是定理 2.3.1 中定义的 $T(\bar{x},d)$ 中的一个向量。那么对于这些积极约束，当 $i\in E(\bar{x})$ 时，应有 $e_i^Td\leqslant 0$。当 $i\in N_0\backslash E(\bar{x})$ 时，$-e_i^Td\leqslant 0$。即当 $i\in E(\bar{x})$ 时，$d_i\leqslant 0$；当 $i\in N_0\backslash E(\bar{x})$ 时，$d_i\geqslant 0$。所以对问题 $(P_2)$，$T(\bar{x},d)=\{d\in R^n: d_i\leqslant 0$ 若 $i\in E(\bar{x})$；$d_i\geqslant 0$ 若 $i\in N_0\backslash E(\bar{x})\}=T$。

另外，对 $\bar{x}$ 而言，当 $i\in E(\bar{x})$ 时，$-e_i^Tx\leqslant 0$ 是非积极约束。如果 $d\in \operatorname{int} T\subset T$，$-e_i^Td>0$ 将会成立。对 $i\in N_0\backslash E(\bar{x})$，约束 $e_i^Tx\leqslant 1$ 是非积极的，但 $e_i^Td>0$ 同样会对 $d\in \operatorname{int} T$ 成立。所以在此定理 2.3.1中定义的集合 $J_d$ 非空。于是对 $d\in \operatorname{int} T$，

$$t_d = \min\left\{\min_{i\in E(\bar{x})}\frac{0+e_i^T\bar{x}}{-e_i^T d},\ \min_{i\in N_0\backslash E(\bar{x})}\frac{1-e_i^T\bar{x}}{e_i^T d}\right\}$$

$$= \min\left\{\min_{i\in E(\bar{x})}\frac{1}{-d_i},\ \min_{i\in N_0\backslash E(\bar{x})}\frac{1}{d_i}\right\}$$

$$= \min_{1\leqslant i\leqslant n}\left\{\frac{1}{|d_i|}\right\} = \frac{1}{\|d\|_\infty}$$

由此推得定理 2. 3. 1 中的条件(2. 3. 1. 2)在此应表述为：对 $d \in \text{int}\, T$,

$$d^T(-Q)d \leqslant \frac{-2d^T(-Q\bar{x}-b)}{t_d} = 2\|d\|_\infty d^T(Q\bar{x}+b)$$

由连续性,很容易将上述结论推广到 $d \in T$ 的情形。进一步,如果对 $d\in T$, $-d^T(Q\bar{x}+b)\leqslant 0$ 成立,那么运用定理 2. 3. 1 的结论,就能得到本定理的结论。证毕。

现在假设 $Q$ 是一个一般的是对称矩阵,$\lambda_1(Q)$是它的最大特征值。如果 $\lambda_1(Q)>0$, 问题($D$)将不再是一个凹问题。但 $Q-\lambda_1(Q)I$ 仍是一个半负定的矩阵。而当 $x\in\{0, 1\}^n$ 时, $x^Tx=e^Tx$。基于这个思想,我们将问题($D$)写成如下形式：

$$(D)\quad \min q(x) = \frac{1}{2}x^T(Q-\lambda_1(Q)I)x + (b+\frac{1}{2}\lambda_1(Q)e)^T x$$

$$s.t.\ \ x\in\{0, 1\}^n$$

这个问题的系数矩阵是半负定的。于是由定理 2. 4. 1 立即可得如下定理：

**定理 2. 4. 2** 设问题($D$)中的 $Q$ 为实对称矩阵。$\bar{x}\in\{0, 1\}^n$。那么$\bar{x}$是($D$)的全局极小当且仅当：对任意 $d\in T$, 以下两个条件成立：

(2. 4. 2. 1) $d^T\left[Q\bar{x}+b+\lambda_1(Q)\left(\frac{1}{2}e-\bar{x}\right)\right]\geqslant 0$

(2. 4. 2. 2) $-d^TQd+\lambda_1(Q)\|d\|^2\leqslant 2\|d\|_\infty d^T[Q\bar{x}+b+\lambda_1(Q)$

$\left(\frac{1}{2}e-\bar{x}\right)\Big]$

**注 2.4.1** 若取 $\mu\leqslant-\lambda_1(Q)$，则 $Q+\mu I$ 是半负定的。所以定理 2.4.2 中的 $\lambda_1(Q)$ 可由满足条件的 $\mu$ 取代。

**注 2.4.2** 由于 $\lambda_n(Q)I-Q$ 也是一个半负定的矩阵，但对 $x\in\{0,1\}^n$，$q(x)=-\frac{1}{2}x^T(\lambda_n(Q)I-Q)x-\left(b+\frac{1}{2}\lambda_n(Q)e\right)^Tx$。所以对极大化问题 $\max\left\{\frac{1}{2}x^TQx+b^Tx: x\in\{0,1\}^n\right\}$，我们可以得到类似的结论。

在定理 2.4.2 中，条件(2.4.2.1)实际上是一阶条件。在经典的优化理论中，一阶必要条件常常带有 Lagrangian 乘子。我们下面的工作是要将条件(2.4.2.1)中的向量 $d$ 去掉，这样，就使对偶变量不再出现在一阶条件中。为此，首先对条件(2.4.2.1)做进一步的讨论。

**定理 2.4.3** 设问题$(D)$中的 $Q$ 是实对称矩阵，$\bar{x}\in\{0,1\}^n$，$\overline{X}$ 是相应的对角矩阵，其第 $i$ 个对角线元素为向量$\bar{x}$的第 $i$ 个元素$\bar{x}_i$。记 $T=\{d\in R^n: d_i\leqslant 0 \text{若} i\in E(\bar{x}); d_i\geqslant 0 \text{若} i\in N_0\backslash E(\bar{x})\}$。则以下条件是等价的：

(2.4.2.1) $d^T\left[Q\bar{x}+b+\lambda_1(Q)\left(\frac{1}{2}e-\bar{x}\right)\right]\geqslant 0,\ d\in T$

(2.4.2.3) $Q\bar{x}+b+\lambda_1(Q)\left(\frac{1}{2}e-\bar{x}\right)\in T$

(2.4.2.4) $2(2\overline{X}-I)(Q\bar{x}+b)\leqslant\lambda_1(Q)e$

**证明：** 记 $p=Q\bar{x}+b+\lambda_1(Q)\left(\frac{1}{2}e-\bar{x}\right)$。则(2.4.2.3)可表述为：对 $i\in E(\bar{x})$，$p_i\leqslant 0$；对 $i\in N_0\backslash E(\bar{x})$，$p_i\geqslant 0$。所以(2.4.2.1)可由(2.4.2.3)得到。反之，若(2.4.2.1)成立而(2.4.2.3)不成立，那么 $\exists i_0\in E(\bar{x})$，$p_{i_0}>0$。令 $d=-e_{i_0}$，就有 $d^Tp<0$。这与(2.4.2.1)矛盾。所以当(2.4.2.1)成立时，(2.4.2.3)也会成立。

因为 $i\in E(\bar{x})\Leftrightarrow\bar{x}_i=1\Leftrightarrow 2\bar{x}_i-1=1$；$i\in N_0\backslash E(\bar{x})\Leftrightarrow\bar{x}_i=$

$0 \Leftrightarrow 2\bar{x}_i - 1 = -1$。所以(2.4.2.2)等价于 $(2\bar{x}_i - 1)p_i \leqslant 0$，$\forall i = 1, \cdots, n$。于是$(2\overline{X} - I)\left[Q\bar{x} + b + \lambda_1(Q)\left(\frac{1}{2}e - \bar{x}\right)\right] \leqslant 0$。进一步，当 $\bar{x} \in \{0, 1\}^n$ 时，$(2\overline{X} - I)^2 = I$。故

$$(2\overline{X} - I)\left(Q\bar{x} + b + \lambda_1(Q)\left(\frac{1}{2}e - \bar{x}\right)\right)$$

$$= (2\overline{X} - I)\left(Q\bar{x} + b + \frac{1}{2}\lambda_1(Q)(I - 2\overline{X})e\right)$$

$$= (2\overline{X} - I)(Q\bar{x} + b) - \frac{1}{2}\lambda_1(Q)e \leqslant 0$$

从而得到了(2.4.2.3)。证毕。

在本章的第二节，我们曾经在定理 2.2.7 中得到了如下的充分条件：若 $\bar{x} \in \{0, 1\}^n$ 满足条件

$$[SC1] \qquad 2(2\overline{X} - I)(Q\bar{x} + b) \leqslant \lambda_n(Q)e$$

则$\bar{x}$是$(D)$的全局解。

由定理 2.4.3 可见，定理 2.4.2 和上述充分条件[SC1]之间是有联系的。如果将充分条件[SC1]减弱为条件(2.4.2.4) $(2(2\overline{X} - I)(Q\bar{x} + b) \leqslant \lambda_1(Q)e)$，又以条件(2.4.2.2)作为补充，那么该充分条件就成为 0-1 二次规划问题的充分必要条件。

进一步，我们在本章第二节定理 2.2.8 中得到 $\bar{x} \in \{0, 1\}^n$ 是$(D)$的全局最优解的必要条件是

$$[NC] \qquad 2(2\overline{X} - I)(Q\bar{x} + b) \leqslant \mathrm{Diag}(Q)$$

其中 $\mathrm{Diag}(Q)$是以 $q_{ii}$ 为对角元素的对角矩阵。运用这一结论，定理 2.4.2 可以进一步表述为：

**定理 2.4.4** 设问题$(D)$中的 $Q$ 是实对称矩阵，$\bar{x} \in \{0, 1\}^n$。则$\bar{x}$是$(D)$的全局解当且仅当下述两个条件成立：

(2.4.4.1) $2(2\overline{X} - I)(Q\bar{x} + b) \leqslant \mathrm{Diag}(Q)e$；

(2.4.2.2) $-d^TQd+\lambda_1(Q)\|d\|^2 \leqslant 2\|d\|_\infty d^T\left[Q\bar{x}+b+\lambda_1(Q)\left(\frac{1}{2}e-\bar{x}\right)\right], d\in T$

**证明：** 因为 $\lambda_1(Q)=\max\limits_{\|y\|=1} y^TQy \geqslant e_i^TQe_i=q_{ii}, i=1,\cdots,n$。如果(2.4.4.1)成立，那么 $2(2\overline{X}-I)(Q\bar{x}+b)\leqslant \mathrm{Diag}(Q)e\leqslant\lambda_1(Q)e$。故当(2.4.4.1)和(2.4.2.2)都成立时，定理 2.4.2 中的条件将会成立，$\bar{x}$就是$(D)$的全局极小。

反之，若$\bar{x}$是$(D)$的全局极小，则 $\forall z\in\{0,1\}^n$，$q(\bar{x})\leqslant q(z)$。记 $z=z_1:=(1-2\bar{x}_1)e_1+\bar{x}=(1-\bar{x}_1,\bar{x}_2,\cdots,\bar{x}_n)\in\{0,1\}^n$，$e_1=(1,0,\cdots,0)^T$，由$(1-2\bar{x}_1)^2=1$可得

$$
\begin{aligned}
q(\bar{x}) &= \frac{1}{2}\bar{x}^TQ\bar{x}+b^T\bar{x}\\
&\leqslant q(z_1)=\frac{1}{2}((1-2\bar{x}_1)e_1+\bar{x})^TQ((1-\\
&\quad 2\bar{x}_1)e_1+\bar{x})+b^T((1-2\bar{x}_1)e_1+\bar{x})\\
&= \frac{1}{2}((1-2\bar{x}_1)^2e_1^TQe_1+2(1-2\bar{x}_1)e_1^TQ\bar{x}+\\
&\quad \bar{x}^TQ\bar{x})+(1-2\bar{x}_1)b^Te_1+b^T\bar{x}\\
&= q(\bar{x})+\frac{1}{2}e_1^TQe_1+(1-2\bar{x}_1)e_1^TQ\bar{x}+\\
&\quad (1-2\bar{x}_1)b^Te_1
\end{aligned}
$$

因为 $e_1^TQe_1=q_{11}$，整理后上述不等式即为 $2(2\bar{x}_1-1)(Q\bar{x}+b)^Te_1\leqslant q_{11}$。对其他的 $i=1,\cdots,n$，同理可得 $2(2\bar{x}_i-1)(Q\bar{x}+b)^Te_i\leqslant q_{ii}$。所以(2.4.4.1)成立。证毕。

下面的例子表明(2.4.4.1)仅仅是一个必要条件。

**例 2.4.1** 设问题$(D)$中的 $Q=\begin{pmatrix}-2 & 3 & 5\\ 3 & -8 & -1\\ 5 & -1 & 9\end{pmatrix}$，$b=(-2,3,$

$-1)^T$。可以算出 $\lambda_1(Q)=10.9343$，$\lambda_2=-2.2102$，$\lambda_3=-9.7241$。该问题的全局解是 $\bar{x}=(1,0,0)^T$。然而当 $y=(0,1,0)^T$ 时，2$(2Y-I)(Qy+b)=(-2,-10,4)^T\leqslant \mathrm{Diag}(Q)e\leqslant\lambda_1(Q)e$。即一阶必要条件满足。但 $y$ 并不是全局解。事实上，如果取 $d=(2.5,-3,0.1)^T$，(2.4.2.2)将对 $y=(0,1,0)^T$ 不成立。

## §2.5 0-1问题全局最优的一些必要条件

在上一节，我们给出了 $x$ 成为0-1二次规划问题的全局最优解的充分必要条件。由于必要条件在算法设计中的重要地位，在本节，我们将进一步深入研究0-1二次规划问题全局最优的必要条件。在此，$(D)$仍是上节给出的0-1二次规划问题 $\min\left\{q(x)=\frac{1}{2}x^TQx+b^Tx:x\in\{0,1\}^n\right\}$。对 $\bar{x}\in\{0,1\}^n$，仍记 $E(\bar{x})=\{i:\bar{x}_i=1,i=1,\cdots,n\}$，$N_0=\{1,\cdots,n\}$，$T=\{d\in R^n:d_i\leqslant 0$ 当 $x_i=1;d_i\geqslant 0$ 当 $x_i=0\}$。首先，由定理2.4.2，可以直接得到如下必要条件。

**定理2.5.1** 设问题$(D)$中的 $Q$ 是实对称矩阵。若 $\bar{x}\in\{0,1\}^n$ 是$(D)$的全局极小，则

(2.5.1.1) $2(e-2\bar{x})^T(Q\bar{x}+b)+n\lambda_1(Q)\geqslant 0$

(2.5.1.2) $(e-2\bar{x})^T(Qe+2b)\geqslant 0$

**证明**：对 $\bar{x}\in\{0,1\}^n$，显然$\left(\frac{1}{2}e-\bar{x}\right)\in T$。于是若$\bar{x}\in\{0,1\}^n$ 是$(D)$的全局极小，由(2.4.2.1)，

$$\left(\frac{1}{2}e-\bar{x}\right)^T\left[(Q\bar{x}+b)+\lambda_1(Q)\left(\frac{1}{2}e-\bar{x}\right)\right]=\left(\frac{1}{2}e-\bar{x}\right)^T(Q\bar{x}+b)+\frac{1}{4}n\lambda_1(Q)\geqslant 0$$

所以(2.5.1.1)成立。再由(2.4.2.2)可得

$$-\left(\frac{1}{2}e-\bar{x}\right)^{T}Q\left(\frac{1}{2}e-\bar{x}\right)+\lambda_1(Q)\ \left\|\frac{1}{2}e-\bar{x}\right\|^{2}$$

$$\leqslant\left[\left(\frac{1}{2}e-\bar{x}\right)^{T}(Q\bar{x}+b)+\frac{1}{4}n\lambda_1(Q)\right]$$

$$\left(\frac{1}{2}e-\bar{x}\right)^{T}\left[(Q\bar{x}+b)+Q\left(\frac{1}{2}e-\bar{x}\right)\right]\geqslant 0$$

$$(e-2\bar{x})^{T}(Qe+2b)\geqslant 0$$

所以定理中的两个必要条件都成立。证毕。

定理 2.5.1 中的必要条件仅用到原问题的数据，所以它们都是可以检验的。然而，对于二次整数规划，如果系数矩阵的维数很大，那么无论是计算的速度还是计算的有效性都将受到影响。现在，我们将要对这个问题做进一步探讨。我们将把前面得到的结果作一定程度的简化，主要是将最优性条件中的维数降低。这样，在低维空间中运用全局最优条件，可以使检验更容易进行。

对 $\bar{x}\in\{0,1\}^n$，可以定义相应的 $Q$ 的子矩阵$\overline{Q}$以及 $b$ 的子向量 $\bar{b}$。对所有的 $i\in N_0\backslash E(\bar{x})$，即 $x_i=0$ 的指标 $i$，划去 $Q$ 的第 $i$ 行，第 $i$ 列，划去 $b$ 的第 $i$ 个分量。剩下的元素按原顺序组成矩阵$\overline{Q}$及向量$\bar{b}$。如果设 $m=|E(\bar{x})|$ 是 $E(\bar{x})$的元素个数(即$\bar{x}$中等于 1 的分量的个数)，那么$\overline{Q}$是 $Q$ 的 $m\times m$ 子矩阵，$\bar{b}$是 $b$ 的 $m$ 维子向量。当且仅当 $i$，$j\in E(\bar{x})$，即$\bar{x}_i=\bar{x}_j=1$ 时，$q_{ij}$ 和 $b_i$、$b_j$ 才以原顺序被保留在$\overline{Q}$和$\bar{b}$之中。问题

$$(\overline{D})\quad \min\ \bar{q}(x)=\frac{1}{2}x^{T}\,\overline{Q}x+\bar{b}^{T}x$$

$$s.t.\ \ x\in\{0,1\}^{m}$$

是 $m$ 维空间中的 0－1 二次规划问题。

**定理 2.5.2** 在上述假设之下，若$\bar{x}$是问题($D$)的全局最优解，那么 $e^{(m)}=(1,1,\cdots,1)\in R^m$ 是问题($\overline{D}$)的全局最优解。

**证明：** 设$\bar{x}$的第 $k_1$, $k_2$, …, $k_m$ 个元素等于1，其余元素为0。对任意的 $x \in \{0, 1\}^m$，可以以如下方式定义 $R^n$中的向量 $y$：当 $i = 1, \cdots, m$，令 $y_{k_i} = x_i$；$y$ 的其余元素皆定义为0。显然 $\bar{q}(x) = q(y) \geqslant q(\bar{x}) = \bar{q}(e^{(m)})$。所以 $e^{(m)}$ 是$(\bar{D})$的全局极小。证毕。

在定理2.5.2中，显然 $m \leqslant n$。如果 $m = n$，那么 $e$ 就是$(D)$的全局最优解。如果 $m < n$，那么通过检验 $e^{(m)}$ 是否是$(\bar{D})$的全局极小，就可判断$\bar{x}$是否满足成为$(D)$的最优解的必要条件。这样，检验过程中维数就从 $n$ 降低为 $m$。$e^{(m)}$ 是否是$(\bar{D})$的全局极小的问题，除了直接应用本章已经给出的结论以外，我们还将另外给出一些较为容易检验的必要条件。为讨论的方便起见，我们讨论 $e$ 成为$(D)$的全局最优解的情形。

**定理 2.5.3** 设问题$(D)$中的矩阵 $Q$ 为实对称矩阵。那么 $e$ 是$(D)$的全局极小当且仅当0是下述问题的全局极小解：

$$(D_0) \qquad \min x^T Q_0 x$$

$$s.t. \ x \in \{0, 1\}^n$$

其中 $n$ 阶矩阵 $Q_0 = (q_{ij}^{(0)})$ 的定义为：对 $i, j = 1, \cdots, n$，若 $i \neq j$，则 $q_{ij}^{(0)} = q_{ij}$；若 $i = j$，$q_{ii}^{(0)} = q_{ii} - 2b_i - 2\sum_{k=1}^{n} q_{ik}$。

**证明：** 令 $u = -\frac{1}{2}(Qe + b)$。则 $u$ 的元素为 $u_i = -\frac{1}{2}\left(\sum_{j=1}^{n} q_{ij} + b_i\right)$，$i = 1, \cdots, n$。令 $U = \mathrm{diag}(u)$ 为对角矩阵，它的第 $i$ 个对角线元素为 $u_i$。于是矩阵 $Q + 4U$ 的对角元素为 $q_{ii} - 2\left(\sum_{j=1}^{n} q_{ij} + b_i\right) = q_{ii}^{(0)}$，$i = 1, \cdots, n$。即 $Q + 4U = Q_0$。

对 $y \in \{0, 1\}^n$，$\forall i = 1, \cdots, n$，有 $y_i^2 = y_i$，及 $e - y \in \{0, 1\}^n$。同时，

$$y^T Q_0 y = y^T (Q + 4U) y = y^T Q y + 4\sum_{i=1}^{n} u_i y_i^2$$

$$= y^T Q y + 4 \sum_{i=1}^{n} u_i y_i = y^T Q y + 4 y^T u$$

$$= y^T Q y + 4 y^T \left(-\frac{1}{2}\right)(Qe + b)$$

$$= y^T Q y - 2 y^T Q e - 2 y^T b$$

所以

$$q(e-y) - q(e) = \frac{1}{2}(e-y)^T Q(e-y) +$$

$$(e-y)^T b - \frac{1}{2} e^T Q e - e^T b$$

$$= - y^T Q e + \frac{1}{2} y^T Q y - y^T b$$

$$= \frac{1}{2} y^T Q_0 y$$

如果 $e$ 是$(D)$的全局极小，那么对任意的 $y \in \{0, 1\}^n$，$q(e-y) - q(e) \geqslant 0$。这意味着 $y^T Q_0 y \geqslant 0$，即 0 是$(D_0)$的全局极小解。反之，若 0 是$(D_0)$的全局解，那么对任意的 $y \in \{0, 1\}^n$，由 $y^T Q_0 y \geqslant 0$ 可得 $q(e-y) \geqslant q(e)$。这表明 $e$ 是$(D)$的全局极小解，因为 $y$ 是$\{0, 1\}^n$ 中的任意一个向量。证毕。

**推论 2.5.1** 在定理 2.5.3 的假设下，若 $Q_0$ 在 $R^n$ 上半正定$(Q_0 \geqslant 0)$，或 $Q_0$ 的所有元素 $q_{ij}^{(0)} \geqslant 0$ $(Q_0 \geqslant 0)$，则 $e$ 是$(D)$的全局极小解。

**证明：** 若 $Q_0$ 在 $R^n$ 上半正定，则 $\forall x \in R^n$，$x^T Q_0 x \geqslant 0$。故对 $x \in \{0, 1\}^n$，亦有 $x^T Q_0 x \geqslant 0$。于是 0 是$(D_0)$的全局极小点。由定理 2.5.3，$e$ 是$(D)$的全局极小解。当 $Q_0$ 的所有元素 $q_{ij}^{(0)} \geqslant 0$ 时，同样有 $x^T Q_0 x \geqslant 0$ 对 $x \in \{0, 1\}^n$ 成立，所以 $e$ 也是$(D)$的全局极小解。证毕。

从定理 2.5.3 和推论 2.5.1 可知，“$e$ 是$(D)$的全局极小解”等价于“0 是$(D_0)$的全局极小点”，也等价于“$Q_0$ 在$\{0, 1\}^n$ 上半正定”。但是，若 $e$ 是$(D)$的全局极小解，$Q_0$ 未必在 $R^n$ 上半正定，即使 $e$ 是$(D)$的一个严格的全局极小解。

**例2.5.1** 设$Q=\begin{pmatrix}-5 & 2\\ 2 & -6\end{pmatrix}$，易见$e$是$q(x)=x^TQx$ 在$\{0, 1\}^n$上的唯一的全局极大。但 $Q_0=\begin{pmatrix}1 & 2\\ 2 & 2\end{pmatrix}$，计算它的特征值可得 $\lambda_1=\frac{3+\sqrt{17}}{2}$，$\lambda_2=\frac{3-\sqrt{17}}{2}$。$Q_0$ 是不定的。

下面，我们仍然采用定理 2.5.2 中所用的符号$\overline{Q}$、$\overline{b}$和$e^{(m)}$来作进一步讨论。由矩阵 $Q_0$，可以定义另一个 $m\times m$ 矩阵$\overline{Q}_0=(\overline{q}_{ij}^{(0)})$。具体地，对 $i, j=1, \cdots, m$，若 $i\neq j$，则$\overline{q}_{ij}^{(0)}=\overline{q}_{ij}$；若 $i=j$，则$\overline{q}_{ii}^{(0)}=\overline{q}_{ii}-2\overline{b}_i-\sum\limits_{k=1}^{n}(\overline{q}_{ik}+\overline{q}_{ki})$。我们进一步有以下一些必要条件。

**定理 2.5.4** 设问题$(D)$中的 $Q$ 是实对称矩阵。若$\bar{x}$是$(D)$的一个全局最优解，则下列不等式成立：

(2.5.4.1) $\lambda_1(\overline{Q}_0)>0$ 或$\overline{Q}=-2\mathrm{diag}(\overline{b})$

(2.5.4.2) $e^{(m)T}\overline{Q}_0e^{(m)}\geqslant 0$

(2.5.4.3) $\overline{Q}e^{(m)}+\overline{b}\leqslant\frac{1}{2}\mathrm{Diag}(\overline{Q})e^{(m)}$

(2.5.4.4) $m\lambda_1(\overline{Q})-2e^{(m)T}(\overline{Q}e^{(m)}+\overline{b})\geqslant 0$

**证明：** 若$\bar{x}$是$(D)$的全局极小，由定理 2.5.2，$e^{(m)}$是 $\min\left\{\frac{1}{2}x^T\overline{Q}x+\overline{b}: x\in R^m\right\}$ 的全局解。由(2.4.4.1)，可得(2.5.4.3)。而(2.5.4.4)可直接由定理 2.5.1 得到。

另外，由本节所给出的定理可得，若$\bar{x}$是$(D)$的全局极小，那么 0 就是问题 $\min\{x^T\overline{Q}_0x: x\in\{0, 1\}^m\}$ 的全局解。于是由(2.5.1.1)，$m\lambda_1(\overline{Q}_0)\geqslant 0$。若 $\lambda_1(\overline{Q}_0)=0$，则$\overline{Q}_0$ 是半负定的。故对任意的 $x\in R^m$，有 $x^T\overline{Q}_0x\leqslant 0$。但 0 是 $\min\{x^T\overline{Q}_0x: x\in\{0, 1\}^m\}$ 的全局极小意

味着 $x^T\overline{Q}_0x\geqslant 0$ 对所有的 $x\in\{0,1\}^m$ 成立。于是 $\forall x\in\{0,1\}^m$，$x^T\overline{Q}_0x=0$。而对 $\forall i,j=1,\cdots,m$，令 $x=e_i$ 和 $x=e_i+e_j$ 可得 $\bar{q}_{ii}^{(0)}=0$ 及 $\bar{q}_{ij}^{(0)}=0$。所以 $\overline{Q}_0=0$。如果 $i\neq j$，则 $\bar{q}_{ij}^{(0)}=\bar{q}_{ij}=0$。如果 $i=j$，则 $\bar{q}_{ii}^{(0)}=\bar{q}_{ii}-2\bar{b}_i-\sum_{j=1}^{n}(\bar{q}_{ij}+\bar{q}_{ji})=0$。故有 $\bar{q}_{ii}=-2\bar{b}_{ii}$ 及 $\overline{Q}=-2\text{diag}(\bar{b})$。这就证明了当 $\bar{x}$ 是 $(D)$ 的全局极小时，(2.5.4.1)成立。再由(2.5.1.2)，以及 0 是 $\min\{x^T\overline{Q}_0x:x\in\{0,1\}^m\}$ 的全局极小，立即可得(2.5.4.2)。证毕。

定理 2.5.4 中的所有条件都不含有向量 $d$，因而较为简单。它们都是在比原问题维数更低的空间中得到的结果。所以，这些必要条件不仅在实际中可以被检验，而且检验时所需的计算量和内存都是较小的。这样，操作将会更容易，也会更快捷。(2.5.4.2)和(2.5.4.3)更是无需计算特征值。它们在实际中能被更方便地使用。在此我们再次回顾一下上节的例题。

**例 2.5.2** 设问题 $(D)$ 中的 $Q=\begin{pmatrix}-2 & 3 & 5\\ 3 & -8 & -1\\ 5 & -1 & 9\end{pmatrix}$，$b=(-2,3,-1)^T$。已知全局解为 $\bar{x}=(1,0,0)^T$。现在对其他一些可行点进行讨论。对 $x^{(1)}=(1,1,0)$，$\overline{Q}=\begin{pmatrix}-2 & 3\\ 3 & -8\end{pmatrix}$，$\bar{b}=(-2,3)^T$，$\overline{Q}_0=\begin{pmatrix}0 & 3\\ 3 & -14\end{pmatrix}$，$e^T\overline{Q}_0e=-8<0$。所以(2.5.4.2)不成立，$x^{(1)}$ 不是全局解。同理可得(2.5.4.2)对 $x^{(2)}=(0,1,1)^T$ 不成立。(2.5.4.3)对 $x^{(3)}=(1,0,1)^T$ 和 $x^{(4)}=(1,1,1)^T$ 都不成立。对于 $x^{(5)}=(0,0,1)^T$，$\overline{Q}=9$，$\bar{b}=-1$。所以 1 不是问题 $\bar{q}(x)=\frac{9}{2}x^2-x$ 的全局解。这样，除 $y=(0,1,0)^T$ 以外，大多数的可行点都以较简单的方法被排除了作为全局最优解的可能性。

综上所述，在本章我们讨论了无约束 0－1 二次规划的全局最优条件。我们给出了充分条件、必要条件，以及充分必要条件。我们给出的必要条件都只用原问题的数据表示，其中的一些条件被放在低维空间中讨论。这样，这些条件除了其理论意义以外，在实际中能够较方便地被检验，同时，它们也为算法设计提供了可能。在第四章，我们将要讨论无约束的 0－1 二次规划的算法设计问题。在此之前，在下一章，我们进一步讨论带有线性约束的 0－1 二次规划的全局最优条件。

另外，对文献[7]中讨论的问题($D_1$)：$\min\{q(x),\ x\in\{-1,1\}^n\}$，只要作一个简单的线性变换，$x=\frac{1}{2}y+\frac{1}{2}e,\ x\in\{0,1\}^n,\ y\in\{-1,1\}^n$，本章的结果都可以平移过去，得到相应的结论。对于问题($D_{ac}$)：$\min\{q(x),\ x\in\{a,c\}^n\}$，类似地也可以得到相应的结论。

# 第三章　有约束的 0-1 二次规划的全局最优性条件

在上一章,我们研究了无约束的 0-1 二次规划的全局最优条件。在这一章,我们将进一步研究有约束的 0-1 二次规划的全局最优条件。在此,约束主要是指线性约束。带有线性不等式约束的问题,在第一节中讨论。对于带有线性等式约束的 0-1 二次问题,第二节将给出它们的最优解和无约束的 0-1 二次问题的最优解之间的关系。在第三节,我们将要讨论 0-1 二次规划问题的一些应用,主要是将我们在本文中的一些结论运用于极大团问题和二次分派问题,从而得到一些相关的结果。

本章的主要内容来自[95]和[93]。

## §3.1　带有不等式约束的 0-1 二次规划的全局最优条件

在本节中,我们主要考虑如下二次规划问题:

$$\min q(x) = \frac{1}{2}x^T Qx + b^T x$$

$$(D_{IC})\quad s.t.\ a_j^T x \leqslant b_j,\ j = 1, \cdots, m,$$

$$x \in \{0, 1\}^n$$

这里对 $j = 1, \cdots, m,\ a_j \in R^n, b_j \in R$。

显然,$x_i \in \{0, 1\}$ 等价于 $x_i(x_i - 1) = 0$ 或 $(2x_i - 1)^2 = 1,\ i = 1, \cdots, n$。所以 $(D_{IC})$ 的松弛问题是:

$$\min q(x) = \frac{1}{2}x^T Q x + b^T x$$

$$(C_{IC}) \quad s.t.\ a_j^T x \leqslant b_j,\ j = 1, \cdots, m$$

$$(2x_i - 1)^2 \leqslant 1,\ i = 1, \cdots, n$$

将问题$(D_{IC})$和$(C_{IC})$的可行集分别记为：

$$S_D = \{x \in R^n: (2x_i - 1)^2 = 1,\ i = 1, \cdots, n,\ a_j^T x \leqslant b_j,\ j = 1, \cdots, m\}$$

$$S_C = \{x \in R^n: (2x_i - 1)^2 \leqslant 1,\ i = 1, \cdots, n,\ a_j^T x \leqslant b_j,\ j = 1, \cdots, m\}$$

定义$(D_{IC})$的 Lagrangian 函数为：

$$L(x, u, v) = q(x) + \sum_{i=1}^{n} \frac{u_i}{2}((2x_i - 1)^2 - 1) + \sum_{j=1}^{m} v_j (a_j^T x - b_j),$$

其中，$u_i\ (i = 1, \cdots, n)$ 和 $v_j \geqslant 0\ (j = 1, \cdots, m)$ 是 Lagrangian 乘子。记 $u = (u_1, \cdots, u_n)^T \in R^n$，$U = \mathrm{diag}(u)$ 是 $n \times n$ 阶以 $u_i$ 为对角元素的对角矩阵，$e = (1, \cdots, 1) \in R^n$，那么 $L(x, u, v) = \frac{1}{2}x^T Q x + \frac{1}{2}(2x - e)^T U (2x - e) + \left(\sum_{j=1}^{m} v_j a_j + b\right)^T x - \frac{1}{2}e^T u - \sum_{j=1}^{m} v_j b_j$。$(D_{IC})$的对偶问题是

$$(DD) \quad \sup\{h(u, v): (u, v) \in (R^n \times R_+^m) \cap domh\},$$

这里 $h(u, v) = \inf_{x \in R^n} L(x, u, v)$，$\mathrm{dom}h = \{(u, v) \in R^n \times R_+^m: h(u, v) > -\infty\}$。根据经典的对偶理论，我们有如下已知结果：

**引理 3.1.1**[76] 如果存在 $\bar{x} \in S_D$ 及 $(\bar{u}, \bar{v}) \in (R^n \times R_+^m) \cap \mathrm{dom}h$ 使得 $q(\bar{x}) = h(\bar{u}, \bar{v}) = \inf_x L(x, \bar{u}, \bar{v})$，那么 $\bar{x}$ 是$(D_{IC})$的全局极小。

**引理 3.1.2**[76] 设 $A$ 为 $n \times n$ 阶对称矩阵，$b \in R^n$。$q: R^n \to R$ 是

二次函数：$q(x)=\frac{1}{2}x^TAx+b^Tx$，那么 $\inf\{q(x): x\in R^n\}>-\infty$ 当且仅当(1)存在向量 $x\in R^n$，使得 $Ax+b=0$；(2) $A$ 是半正定矩阵。

应用以上引理，我们可以得到$(D_{IC})$的全局最优解的充分条件：

**定理 3.1.1** 设 $Q$ 为实对称矩阵，$b\in R^n$，$a_j\in R^n$，$b_j\in R$ $(j=1,\cdots,m)$，$\lambda_n(Q)$为 $Q$ 的最小特征值。如果 $x$ 是$(D_{IC})$的一个可行解，并且存在 $v_j\geqslant 0$，$j=1,\cdots,m$，使得

$$2(2X-I)\left(Qx+b+\sum_{j=1}^{m}v_ja_j\right)\leqslant\lambda_n(Q)e,$$

$$v_j(a_j^Tx-b_j)=0,\ j=1,\cdots,m,$$

这里 $X=\operatorname{diag}(x)$ 是以 $x_i$ 为对角元素的对角矩阵，$I$ 是 $n\times n$ 阶单位矩阵，那么 $x$ 是$(D_{IC})$的全局最优解。

**证明：**$(D_{IC})$的 Lagrangian 函数可以写成：

$$L(x,u,v)=\frac{1}{2}x^T(Q+4U)x+\left(b-2u+\sum_{j=1}^{m}v_ja_j\right)^Tx-\sum_{j=1}^{m}v_jb_j$$

对 $x\in S_D$，如果存在 $v_j\geqslant 0$，$j=1,\cdots,m$，使得 $v_j(a_j^Tx-b_j)=0$，令

$$u=-\frac{1}{2}(2X-I)\left(Qx+b+\sum_{j=1}^{m}v_ja_j\right)\tag{3.1.1}$$

设对角矩阵 $U=\operatorname{diag}(u)$。因为 $Ux=Xu$，$(2X-I)^2=I$，所以

$$\begin{aligned}\nabla_xL(x,u,v)&=(Q+4U)x+b-2u+\sum_{j=1}^{m}v_ja_j\\&=Qx+2(2X-I)u+\sum_{j=1}^{m}v_ja_j+b\\&=Qx+2(2X-I)\Big(-\frac{1}{2}(2X-I)\\&\quad\Big(Qx+b+\sum_{j=1}^{m}v_ja_j\Big)\Big)+\sum_{j=1}^{m}v_ja_j+b\end{aligned}$$

$$= Qx - \left(Qx + b + \sum_{j=1}^{m} v_j a_j\right) + \sum_{j=1}^{m} v_j a_j + b$$

$$= 0 \tag{3.1.2}$$

于是引理 3.1.2 中的条件(1)被满足。进一步,在本定理的假设条件下,若 $x$ 和 $v_j (j = 1, \cdots, m)$满足 $2(2X - I)\left(Qx + b + \sum_{j=1}^{m} v_j a_j\right) \leqslant \lambda_n(Q)e$,那么

$$\lambda_n(Q) \geqslant \max_{1 \leqslant i \leqslant n}\left(2(2X - I)\left(Qx + b + \sum_{j=1}^{m} v_j a_j\right)\right)_i = -4\lambda_n(U) \tag{3.1.3}$$

故 $\lambda_n(Q+4U) \geqslant \lambda_n(Q) + 4\lambda_n(U) \geqslant 0$。于是 $Q+4U$ 是半正定的,引理3.1.2中的(2)亦被满足。由引理 3.1.2, $h(u, v) = \inf_x L(x, u, v) > -\infty$。这意味着$(u, v)$对对偶问题$(DD)$是可行的。由(3.1.2)式可得:

$$h(u, v) = \inf_{y \in R^n}\{L(y, u, v)\} = L(x, u, v)$$

$$= q(x) + \sum_{i=1}^{n} \frac{u_i}{2}((2x_i - 1)^2 - 1) + \sum_{j=1}^{m} v_j (a_j^T x - b_j)$$

$$= q(x), \quad (v_j (a_j^T x - b_j) = 0), (x \in S_D)$$

再由引理 3.1.1 即可得本定理结论成立。

在第二章第一节,我们曾经给出了无约束的 0-1 二次问题的全局极小的充分条件为 $2(2X-I)(Qx+b) \leqslant \lambda_n(Q)e$,参见定理 2.2.7。若采用向量的形式,记目标函数为 $q(x)$,其梯度为 $\nabla q(x) = Qx + b$,那么该充分条件可表述为 $2(2X-I)\nabla q(x) \leqslant \lambda_n(Q)e$。而如果是带有线性约束 0-1 二次规划问题,线性约束为 $g(x) \leqslant 0$,那么定理 3.1.1 可以写成

$$2(2X - I)(\nabla q(x) + \nabla g(x)^T v) \leqslant \lambda_n(Q)e,$$

$$v_j g_j(x) = 0, \ v_j \geqslant 0, \ j = 1, \cdots, m$$

进一步，若约束 $g(x)$ 为二次函数，上述两式也将成为最优解的充分条件，前提是对 $j=1,\cdots,m$，$g_j(x)$ 是凸的。

**定理 3.1.2** 在如下二次规划问题中，

$$\min q(x)=\frac{1}{2}x^TQx+b^Tx$$

$$(P)\quad s.t.\ g_j(x)=\frac{1}{2}x^TA_jx+b_j^Tx+c_j\leqslant 0,\ j=1,\cdots,m,$$

$$x\in\{0,1\}^n$$

设对 $j=1,\cdots,m$，$A_j$ 是半正定的，$b_j\in R^n$，$c_j\in R$。设 $\lambda_n(Q)$ 是 $Q$ 的最小特征值。对 $(P)$ 的可行解 $x$，若对 $j=1,\cdots,m$，存在 $v_j\geqslant 0$，使得

$$2(2X-I)\Big(Qx+b+\sum_{j=1}^{m}v_jA_jx+\sum_{j=1}^{m}v_jb_j\Big)\leqslant\lambda_n(Q)e,$$

$$v_j\Big(\frac{1}{2}x^TA_jx+b_j^Tx+c_j\Big)=0,\ j=1,\cdots,m,$$

那么 $x$ 是 $(P)$ 的全局最优解。

**证明：** 问题 $(P)$ 的 Lagrangian 函数可写成：

$$L(x,u,v)=\frac{1}{2}x^T\Big(Q+4U+\sum_{j=1}^{m}v_jA_j\Big)x+\Big(b-2u+\sum_{j=1}^{m}v_jb_j\Big)^Tx+\sum_{j=1}^{m}v_jc_j$$

设 $x$ 为 $(P)$ 的可行解，若存在 $v_j\geqslant 0$，$j=1,\cdots,m$，使得 $v_j\Big(\frac{1}{2}x^TA_jx+b_j^Tx+c_j\Big)=0$，取

$$u=-\frac{1}{2}(2X-I)\Big(Qx+b+\sum_{j=1}^{m}v_jA_jx+\sum_{j=1}^{m}v_jb_j\Big)$$

类似于定理 3.1.1 的证明，可得 $\nabla_x L(x, u, v) = 0$。因 $v_j \geqslant 0$ 以及 $A_j \geqslant 0\ (j = 1, \cdots, m)$，

$$\lambda_n\Big(\sum_{j=1}^{m} v_j A_j\Big) = \min_{\|y\|=1} y^T\Big(\sum_{j=1}^{m} v_j A_j\Big)y = \min_{\|y\|=1} \sum_{j=1}^{m} v_j(y^T A_j y) \geqslant 0$$

故

$$\lambda_n\Big(Q + 4U + \sum_{j=1}^{m} v_j A_j\Big) \geqslant \lambda_n(Q) + 4\lambda_n(U) + \lambda_n\Big(\sum_{j=1}^{m} v_j A_j\Big) \geqslant 0$$

于是由引理 3.1.1 和引理 3.1.2，$x$ 是$(P)$的全局最优解。

**注 3.1.1** 当$(D_{IC})$中的约束为等式约束 $a_j^T x = b_j$，$j = 1, \cdots, m$ 时，只要将定理 3.1.1 及其证明略作修改，将 $v_j \geqslant 0$ 改为 $v_j \in R$，$j = 1, \cdots, m$，定理 3.1.1 仍将成立。但对定理 3.1.2，当 $v \in R^m$ 时，$\lambda_n(Q + 4U + \sum_{j=1}^{m} v_j A_j) \geqslant 0$ 未必成立，所以定理 3.1.2 的结论不能直接推广到等式约束的情形。

以上所讨论的全局最优的充分条件也许目前还不能推导出有效的算法，但是，它们将有助于我们对某些全局问题的研究。我们将在本章的第三节中，讨论它们在二次分派问题中的应用。

下面，我们将讨论带有线性不等式约束的 0－1 二次规划问题全局最优的必要条件。首先证明一个引理。

**引理 3.1.3** 对问题$(D_{IC})$的约束函数 $g_j(x) = a_j^T x - b_j \leqslant 0$，$j = 1, \cdots, m$，令 $A = (a_1, \cdots, a_m)^T$。设 $x$ 是问题$(D_{IC})$的可行解且 $AX \geqslant 0$，$X$ 是以 $x_i$ 为对角元的对角矩阵。那么对 $x^* \in \{0, 1\}^n$，如果 $x^* \leqslant x$，则 $x^*$ 是$(D_{IC})$的可行解。

**证明：** 对 $x \in \{0, 1\}^n$，记 $E(x) = \{i: x_i = 1, i = 1, \cdots, n\}$。若 $x$ 是$(D_{IC})$的可行解且 $AX \geqslant 0$，则 $a_{ji}x_i \geqslant 0$，$\forall i = 1, \cdots, n$，$j = 1, \cdots, m$。故对 $j = 1, \cdots, m$，$\forall i \in E(x)$，有 $a_{ji} \geqslant 0$。由 $x^* \leqslant x$，$x^* \in \{0, 1\}^n$，可得 $E(x^*) \subseteq E(x)$，所以

$$a_j^T x^* = \sum_{i \in E(x^*)} a_{ji} \leqslant \sum_{i \in E(x)} a_{ji} = a_j^T x \leqslant b_j$$

于是 $x^* \in S_D$。

**定理 3.1.3** 对问题$(D_{IC})$，设 $A = (a_1, \cdots, a_m)^T$。若 $x = Xe$ 是$(D_{IC})$的一个全局极小解，且 $AX \geqslant 0$，那么

$$2X(Qx + b) \leqslant \mathrm{Diag}(Q)x$$

这里 $\mathrm{Diag}(Q)$是以 $Q$ 的对角线元素 $q_{ii}$ 为对角元的 $n \times n$ 阶对角矩阵。

**证明：** 若 $x$ 是$(D_{IC})$的全局极小解，记 $y = X(Qx + b)$，$z = \mathrm{Diag}(Q)x$，$E(x) = \{i: x_i = 1, i = 1, \cdots, n\}$。因为对 $i = 1, \cdots, n$，当 $i \overline{\in} E(x)$ 时，$y_i = z_i = 0$。当 $i \in E(x)$ 时，$y_i = \sum_{j \in E(x)} q_{ji} + b_i$；$z_i = q_{ii}$，所以仅需证明对 $i \in E(x)$，$2y_i \leqslant z_i$。

$\forall i \in E(x)$，记 $x^{(i)} = x - e_i$，$e_i = (0, \cdots, 0, 1, 0, \cdots, 0)^T$。显然 $x^{(i)} \in \{0, 1\}^n$，且 $x^{(i)} \leqslant x$。由引理 3.1.3，$x^{(i)} \in S_D$。又因为 $x$ 是$(D_{IC})$的全局极小解，$q(x) \leqslant q(x^{(i)})$，故

$$\frac{1}{2}x^T Q x + b^T x \leqslant \frac{1}{2}(x - e_i)^T Q (x - e_i) + b^T (x - e_i)$$

$$= \frac{1}{2}x^T Q x - e_i^T Q x + \frac{1}{2}e_i^T Q e_i^T + b^T x - b^T e_i$$

因为 $e_i^T Q x = \sum_{j \in E(x)} q_{ji}$，$e_i^T Q e_i = q_{ii}$，上述不等式即为

$$\sum_{j \in E(x)} q_{ji} + b_i \leqslant \frac{1}{2} q_{ii}$$

所以 $2y_i \leqslant z_i$，定理结论成立。

**注 3.1.2** 这个必要条件仍然不带有对偶变量，所以它也是可以被检验的。检验时，与约束函数有关的是 $AX \geqslant 0$，而与目标函数有关的是 $Q$ 和 $b$。所以对此必要条件的检验是较为方便的。

**注 3.1.3** 如果 $A = (a_1, \cdots, a_m)^T \geqslant 0$，那么本定理的假设

$AX \geqslant 0$ 对所有 $x \in \{0, 1^n\}$ 成立。在实际问题中，$A \geqslant 0$ 在很多场合下成立，尤其是对组合优化问题。

**注 3.1.4** 在第二章第二节，我们曾经证明了对无约束的 0-1 二次规划问题 $(D)$，$2(2X-I)(Qx+b) \leqslant \mathrm{Diag}(Q)e$ 是全局最优的必要条件。但和充分条件能直接推广不同，必要条件并不能直接推广到有约束的 0-1 二次规划问题上去。即 $2(2X-I)(Qx+b) \leqslant \mathrm{Diag}(Q)e$ 和 $2(2X-I)\left(Qx+b+\sum_{j=1}^{m} v_j a_j\right) \leqslant \mathrm{Diag}(Q)e$ 都不能成为有约束问题$(D_{IC})$的必要条件，即使 $AX \geqslant 0$。下面给出一个反例。

**例 3.1.1** 考虑如下问题：

$$\min q(x) = -3x_1^2 - 4x_1x_2 + x_2^2$$

$$s.t.\ 5x_1 - 2x_2 \leqslant 1,$$

$$x \in \{0, 1\}^2$$

易证 $\bar{x} = (0, 0)^T$ 是全局极小解。$Q = \begin{pmatrix} -6 & -4 \\ -4 & 2 \end{pmatrix}$。但是 $2(2\overline{X}-I)(Q\bar{x}+b) = 0$，$\mathrm{Diag}(Q)e = (-6, 2)^T$。再看 $2(2\overline{X}-I)(Q\bar{x}+b+\sum_{j=1}^{m} v_j a_j) = (-10v_1, 4v_1)^T$，若不等式 $2(2\overline{X}-I)(Q\bar{x}+b+\sum_{j=1}^{m} v_j a_j) \leqslant \mathrm{Diag}(Q)e$ 成立，那么 $-10v_1 \leqslant -6$ 和 $4v_1 \leqslant 2$ 将同时成立。此为矛盾。所以对任意的 $v_1 \geqslant 0$，$2(2\overline{X}-I)\left(Q\bar{x}+b+\sum_{j=1}^{m} v_j a_j\right) \leqslant \mathrm{Diag}(Q)e$ 都不成立。

实际上，$2(2X-I)(Qx+b) \leqslant \mathrm{Diag}(Q)e$ 对 $x = (1, 1)^T$ 成立。而 $x = (1, 1)^T$ 恰好是无约束问题 $\min\{q(x) = -3x_1^2 - 4x_1x_2 + x_2^2: x \in \{0, 1\}^2\}$ 的全局解，但这个解不满足本例中的约束 $5x_1 - 2x_2 \leqslant 1$。

接下来我们进一步讨论当 $Q$ 为半正定矩阵时，$(D_{IC})$ 的全局最优解的情况。在此情形下，由于可行集仍为 $S_D = \{x \in R^n: (2x_i -$

$1)^2=1, i=1, \cdots, n, a_j^T x \leqslant b_j, j=1, \cdots, m\}$，$(D_{IC})$仍是非凸的规划问题。然而，它的连续化的松弛问题$(C_{IC})$是一个凸问题。我们将要建立问题$(C_{IC})$和$(D_{IC})$的全局最优解之间的联系。

**定理 3.1.4** 设$Q$为对称的半正定矩阵，且存在$\hat{x}$，满足对$i=1, \cdots, n$, $(2\hat{x}_i-1)^2<1$；对$j=1, \cdots, m$, $a_j^T\hat{x}<b_j$。设$x=Xe\in S_D$，则$x$同时是$(C_{IC})$和$(D_{IC})$的全局最优解当且仅当：存在$v_j\geqslant 0$, $(j=1, \cdots, m)$使得

$$(2X-I)\left(Qx+b+\sum_{j=1}^{m} v_j a_j\right)\leqslant 0,$$

$$v_j(a_j^T x-b_j)=0, j=1, \cdots, m$$

**证明**：对于$(C_{IC})$，定义

$$L(x, u, v)=\frac{1}{2}x^T(Q+4U)x+\left(b-2u+\sum_{j=1}^{m} v_j a_j\right)^T x-\sum_{j=1}^{m} v_j b_j$$

由于$(C_{IC})$是一个凸问题并且 Slater 条件成立，由 K-K-T 条件，$x$同时是$(C_{IC})$和$(D_{IC})$的最优解当且仅当$x\in S_D\subset S_C$；以及存在$u\geqslant 0$, $v\geqslant 0$，使得以下三式成立：

$$(Q+4U)x+\left(b-2u+\sum_{j=1}^{m} v_j a_j\right)=0 \tag{3.1.4}$$

$$u_i((2x_i-1)^2-1)=0, i=1, \cdots, n \tag{3.1.5}$$

$$v_j(a_j^T x-b_j)=0, j=1, \cdots, m \tag{3.1.6}$$

若存在$x\in S_D$，使得$(2X-I)\left(Qx+b+\sum_{j=1}^{m} v_j a_j\right)\leqslant 0$。并且存在$v_j\geqslant 0$ $(j=1, \cdots, m)$，满足$v_j(a_j^T x-b_j)=0$，则令$u=-\frac{1}{2}(2X-I)\left(Qx+b+\sum_{j=1}^{m} v_j a_j\right)$。显然$u\geqslant 0$。由于$x\in S_D\subset S_C$，(3.1.5)自然成立。记$U=\mathrm{diag}(u)$, $X=\mathrm{diag}(x)$，则$Ux=Xu$, $(2X-I)^2=I$。

于是

$$\begin{aligned}&(Q+4U)x+\left(b-2u+\sum_{j=1}^{m}v_ja_j\right)\\&=Qx+b+\sum_{j=1}^{m}v_ja_j+4Xu-2u\\&=Qx+b+\sum_{j=1}^{m}v_ja_j+2(2X-I)u\\&=Qx+b+\sum_{j=1}^{m}v_ja_j-(2X-I)^2\left(Qx+b+\sum_{j=1}^{m}v_ja_j\right)\\&=0\end{aligned}$$

故(3.1.4)也成立。这样 $x$ 就是($C_{IC}$)的全局最优解,从而也是($D_{IC}$)的全局最优解。

反之,设 $x$ 是($C_{IC}$)和($D_{IC}$)的全局最优解。则存在 $u\geqslant 0$, $v\geqslant 0$ 使得(3.1.4)、(3.1.5)、(3.1.6)三式成立。由(3.1.4)式,$Qx+b+\sum_{j=1}^{m}v_ja_j=2u-4Ux=2(I-2X)u$。所以

$$(2X-I)\left(Qx+b+\sum_{j=1}^{m}v_ja_j\right)=2(2X-I)(I-2X)u=-2u\leqslant 0$$

定理得证。

**定理 3.1.5** 在定理 3.1.4 的假设下,若 $x$ 是凸问题($C_{IC}$)的全局最优解,而 $y\in S_D$ 满足(1) 当 $x_i\in\{0,1\}$ 时,$y_i=x_i$;(2) $2(2Y-I)Q(y-x)\leqslant\lambda_n(Q)e$,则 $y$ 是($D_{IC}$)的全局最优解。

**证明:** 类似于定理 3.1.4 的证明,$x$ 是($C_{IC}$)的最优解当且仅当:存在 $u\geqslant 0$, $v\geqslant 0$,使得(3.1.4)、(3.1.5)、(3.1.6)三式成立。对 $y=Ye\in S_D$,$(2Y-I)^2=I$。令 $\delta=y-x$。若$\delta_i=0$,则 $u_i\delta_i=0$;若 $\delta_i\neq 0$,由本定理的假设(1),$(2x_i-1)^2\neq 1$。根据(3.1.5),这意味着 $u_i=0$。所以 $u_i\delta_i=0$ 对所有的 $i=1,\cdots,n$ 成立,即 $U\delta=0$。再由(3.1.4),$b+\sum_{j=1}^{m}v_ja_j=2u-Qx-4Ux$。所以

$$\begin{aligned}
&2(2Y-I)\Big(Qy+b+\sum_{j=1}^{m}v_j a_j\Big)\\
&=2(2Y-I)(Qy+2u-Qx-4Ux)\\
&=2(2Y-I)(Q\delta+2u-4U(y-\delta))\\
&=2(2Y-I)(Q\delta+2u-4Yu+4U\delta)\\
&=2(2Y-I)(2(I-2Y)u+Q\delta)\\
&=-4u+2(2Y-I)Q(y-x)\\
&\leqslant\lambda_n(Q)e
\end{aligned}$$

最后的不等式是由 $u\geqslant 0$ 和本定理的假设(2)得到的。根据定理 3.1.1，$y$ 是($D_{IC}$)的全局最优解。证毕。

## §3.2 带有等式约束的 0－1 二次规划问题

在本节,我们将要讨论带有等式约束的 0－1 二次规划问题。该问题的一般形式为:

$$\min q(x)=\frac{1}{2}x^T Qx+b^T x$$

$$(D_{EC})\quad s.t.\ c_j^T x=d_j,\ j=1,\cdots,m$$

$$x\in\{0,1\}^n$$

在此,对所有的 $j=1,\cdots,m$, $c_j\in R^n$, $d_j\in R$。

在上节,我们曾经提到,如果约束是线性等式约束,那么可以得到类似于定理 3.1.1 的结论。所以我们不加证明地给出下面的定理,因为它的证明只要将定理 3.1.1 的证明中 $v_j\geqslant 0$ 的改为对所有的 $j=1,\cdots,m$, $v_j\in R$ 即可得到。

**定理 3.2.1** 设 $Q$ 为实对称矩阵, $b\in R^n$, $c_j\in R^n$, $d_j\in R$, $j=1,\cdots,m$, $\lambda_n(Q)$为 $Q$ 的最小特征值。如果 $x$ 是($D_{EC}$)的一个可行解,

并且存在 $v_j \in R\ (j=1, \cdots, m)$ 使得

$$2(2X-I)\left(Qx+b+\sum_{j=1}^{m} v_j a_j\right) \leqslant \lambda_n(Q)e,$$

$$v_j(c_j^T x - d_j) = 0,\ j=1, \cdots, m$$

这里 $X=\mathrm{diag}(x)$ 是以 $x_i$ 为对角元素的对角矩阵，$I$ 是 $n\times n$ 阶单位矩阵，那么 $x$ 是$(D_{EC})$的全局最优解。

当问题$(D_{EC})$中的 $c_j$ 是整数向量，$d_j$ 是整数时 $(j=1, \cdots, m)$，我们考虑它的罚问题：

$$(D_{\mu_1})\quad \min q_{\mu_1}(x) = \frac{1}{2}x^T Q x + b^T x + \frac{1}{2}\mu_1 \sum_{j=1}^{m}(c_j^T x - d_j)^2$$

$$s.t.\ x \in \{0, 1\}^n, \mu_1 > 0$$

我们将要建立问题$(D_{EC})$与问题$(D_{\mu_1})$的全局最优解之间的联系。

**定理 3.2.2** 设问题$(D_{EC})$中的 $Q$ 是实对称矩阵。对 $j=1, \cdots, m$，$c_j$ 是整数向量，$d_j$ 是整数。令 $\bar{q} > \max\limits_{x\in\{0, 1\}^n} q(x)$，$\underline{q} < \min\limits_{x\in\{0, 1\}^n} q(x)$。若 $\frac{1}{2}\mu_1 \geqslant \bar{q} - \underline{q}$，那么问题$(D_{EC})$和问题$(D_{\mu_1})$有相同的全局最优解。

**证明：** 记问题$(D_{EC})$的全局最优解集为 $G(D_{EC})$，问题$(D_{\mu_1})$的全局最优解集为 $G(D_{\mu_1})$。记问题$(D_{EC})$的可行域为 $S_{EC}=\{x\in\{0, 1\}^n: c_j^T x = d_j, j=1, \cdots, m\}$。我们先证 $G(D_{EC}) \subseteq G(D_{\mu_1})$。

若 $x^* \in G(D_{EC})$，则 $x^* \in S_{EC}$，这意味着 $\sum\limits_{j=1}^{m}(c_j^T x^* - d_j)^2 = 0$。于是 $q(x^*) + \frac{1}{2}\mu_1 \sum\limits_{j=1}^{m}(c_j^T x^* - d_j)^2 = q(x^*)$。对任意的 $x\in\{0, 1\}^n$，有两种可能的情形：

**情形(1)：** 如果 $x \in S_{EC}$，那么 $q(x) + \frac{1}{2}\mu_1 \sum\limits_{j=1}^{m}(c_j^T x - d_j)^2 =$

$q(x) \geqslant q(x^*) = q(x^*) + \frac{1}{2}\mu_1 \sum_{j=1}^{m}(c_j^T x^* - d_j)^2$。

**情形(2)**：当 $x \overline{\in} S_{EC}$ 时，因为对任意的 $j = 1, \cdots, m$，$c_j$ 是整向量，$d_j$ 是整数，所以 $\sum_{j=1}^{m}(c_j^T x - d_j)^2 \geqslant 1$。这样 $q(x) + \frac{1}{2}\mu_1 \sum_{j=1}^{m}(c_j^T x - d_j)^2 \geqslant \underline{q} + \overline{q} - \underline{q} = \overline{q} > q(x^*) = q(x^*) + \frac{1}{2}\mu_1 \sum_{j=1}^{m}(c_j^T x^* - d_j)^2$。

可见，无论是情形(1)还是情形(2)，都可以得到 $x^* \in G(D_{\mu_1})$。

反过来，我们证明 $G(D_{\mu_1}) \subseteq G(D_{EC})$。

设 $x_{\mu_1}^* \in G(D_{\mu_1})$。我们先证 $x_{\mu_1}^* \in S_{EC}$。如果 $x_{\mu_1}^* \overline{\in} S_{EC}$，那么对所有的 $x \in S_{EC}$，$q(x_{\mu_1}^*) + \frac{1}{2}\mu_1 \sum_{j=1}^{m}(c_j^T x_{\mu_1}^* - d_j)^2 > \underline{q} + \overline{q} - \underline{q} = \overline{q} > q(x) = q(x) + \frac{1}{2}\mu_1 \sum_{j=1}^{m}(c_j^T x - d_j)^2$。这与假设 $x_{\mu_1}^* \in G(D_{\mu_1})$ 矛盾。所以，$x_{\mu_1}^* \in S_{EC}$，$\sum_{j=1}^{m}(c_j^T x_{\mu_1}^* - d_j)^2 = 0$ 成立。故由 $x_{\mu_1}^* \in G(D_{\mu_1})$，下面的不等式将对所有的 $x \in S_{EC}$ 成立：

$$
\begin{aligned}
& q(x_{\mu_1}^*) + \frac{1}{2}\mu_1 \sum_{j=1}^{m}(c_j^T x_{\mu_1}^* - d_j)^2 \\
& = q(x_{\mu_1}^*) \leqslant q(x) + \frac{1}{2}\mu_1 \sum_{j=1}^{m}(c_j^T x - d_j)^2 = q(x)
\end{aligned}
$$

所以 $x_{\mu_1}^* \in G(D_{EC})$。证毕。

上面的定理告诉我们，带有等式约束的 0 - 1 二次规划问题 $(D_{EC})$ 可以化为一个等价的无约束的 0 - 1 二次规划问题。这样，无约束的 0 - 1 二次问题的最优性条件和算法都可以被应用于求解带有等式约束的 0 - 1 二次规划问题。然而，在运用相关的结论以前，需要先确定满足 $\frac{1}{2}\mu_1 \geqslant \overline{q} - \underline{q}$ 的参数 $\mu_1$。由于 $q(x)$ 是二次函数，$\overline{q}$ 和 $\underline{q}$ 可以较容易的得到，因而 $\mu_1$ 可以被确定。参见下一节有关二次分派问题的讨论。

## §3.3 0-1二次规划问题的应用

非凸的二次优化问题与组合优化理论中的许多问题有着密切联系。许多整数的线性问题和整数二次规划问题可以用连续变量的二次规划问题表示。文献[33]指出,这类表述方式在理论上有助于我们分析整数问题的内部结构。但是,通常它们对整数问题的有效算法没有太多的帮助。

而我们在本节所讨论的两个实际应用的例子,不仅在理论上得到了相应的结论,而且,在我们在下一章研究了无约束的0-1二次问题的算法之后,这两个问题也可以用相应的算法去解,这两个问题就是二次分派问题和图论中的极大团问题。

另外,如果令0-1二次问题中的系数矩阵$Q=0$,那么它们就成为0-1线性问题。我们在本文中的结论都可以平移地推广到0-1线性问题。我们在此不再赘述。

### §3.3.1 极大团问题

极大团问题是图论中的经典问题之一,在很多领域有着广泛的应用。关于极大团问题的研究文献有很多。我们在此结合本文所得到的一些结论进行讨论。

设$G=G(V, E)$是一个无向图。其顶点集为$V=\{1, \cdots, n\}$。$E$是不与$V$相交的边集。一条边的端点称为与这条边关联。与同一条边关联的两个顶点称为相邻的。端点重合为一点的边称为环。在此,我们假设$G$中没有环,也没有平行的两条边。即任意两个的端点只可能有一条边将它们连接。这样的图我们称之为简单图。我们用$(i, j)$表示连接顶点$i$和顶点$j$的边。

对于任意图$G$,设$A_G=(a_{ij})$是它的邻接矩阵。其中$a_{ij}$是连接顶点$i$和$j$的边的数目。在简单图中,

$$a_{ij}=\begin{cases}1 & 若\ (i,\ j)\in E\\ 0, & 若(i,\ j)\ \overline{\in} E\end{cases}$$

由于$G$没有平行的边，也没有环，矩阵$A_G$是对称的。并且对$i=1, \cdots, n$, $a_{ii}=0$。

图$G$的补图$\overline{G}$是和$G$有相同顶点集$V$的一个简单图。在$\overline{G}$中两个顶点相邻当且仅当它们在$G$中不相邻。以$\overline{G}=(V, \overline{E})$表示图$G$的补图，则$\overline{E}=\{(i, j): i, j\in V, i\neq j, (i, j)\ \overline{\in} E\}$。以$A_{\overline{G}}$表示$\overline{G}$的邻接矩阵，则$A_G+A_{\overline{G}}=ee^T-I$。

一个团$C$首先是$G$的一个子集。并且还具有这样的性质：$C$中的任意两个顶点都有一条边将它们连接。换言之，由$C$导出的子图$G(C)$是一个完全图。所谓极大团问题，就是要找$G$的团$C$，使$|C|$最大。

极大团问题可以用不同的形式写成整数规划问题或者连续的全局优化问题。在此，我们主要参照文献[33]中给出的一些形式作一些讨论。

**定理 3.3.1**[33]　以$V=\{1, \cdots, n\}$为顶点的图$G(V, E)$中的极大团问题与下面的全局优化问题等价：

$$(D_G)\quad \min q(x)=-\sum_{i=1}^{n}x_i+2\sum_{(i,\ j)\in E,\ i>j}x_ix_j$$

$$s.t.\ x\in\{0, 1\}^n$$

问题$(D_G)$的最优解$x^*$定义了一个极大团：$C=\{i\in\{1, \cdots, n\}: x_i^*=1\}$，并且团的大小$|C|=-q(x^*)$。

若定义$A=A_{\overline{G}}-I$，则问题$(D_G)$又可以被写成0-1二次规划问题：

$$(MC)\quad \min q_{MC}(x)=x^TAx$$

$$s.t.\ x\in\{0, 1\}^n$$

由于$A_{\overline{G}}$是$\overline{G}$的邻接矩阵，对角线元素均为0，所以矩阵$A$的对角线元素为$-1$,对角线元素之和为$-n$。$A$至少有一个负的特征值,是一个非正定的矩阵。可见极大团问题是本文所讨论的0-1二次规划问题的一种特殊情形。对问题(MC)应用第二章的结论,可以得到以下的结论:

**定理3.3.2** 设$A_{\overline{G}}$是简单图$G$的补图$\overline{G}$的邻接矩阵。若

$$(2X-I)(2A_{\overline{G}}x-e)\leqslant\lambda_n(A_{\overline{G}})e$$

则$x$是问题(MC)的一个全局最优解。并且,$x$定义了$G$的一个极大团:$C=\{i\in\{1,\cdots,n\}:x_i=1\}$,团的大小$|C|=\sum_{i=1}^{n}x_i$。

**证明:** 对于不定二次规划问题(MC),由第二章定理2.2.7,当$2(2X-I)Ax\leqslant\lambda_n(A)e$时,$x$是问题(MC)的全局最优解。因为$A=A_{\overline{G}}-I$,所以

$$\lambda_n(A)=\lambda_n(A_{\overline{G}}-I)=\min_{\|x\|=1}x^T(A_{\overline{G}}-I)x$$

$$=\min_{\|x\|=1}(x^T(A_{\overline{G}})x-\|x\|^2)=\lambda_n(A_{\overline{G}})-1$$

而当$x_i=0$时,$2x_i-1=-1$;$x_i=1$时,$2x_i-1=1$。所以$(2X-I)x=x$。

$$2(2X-I)(A_{\overline{G}}-I)x=2(2X-I)A_{\overline{G}}x-2(2X-I)x$$

$$=2(2X-I)A_{\overline{G}}x-2x$$

故充分条件所需不等式为

$$2(2X-I)(A_{\overline{G}}-I)x\leqslant\lambda_n(A_{\overline{G}})e-e$$

$$2(2X-I)A_{\overline{G}}x-2x\leqslant\lambda_n(A_{\overline{G}})e-e$$

$$2(2X-I)A_{\overline{G}}x-2x+e\leqslant\lambda_n(A_{\overline{G}})e$$

所以当

$$(2X-I)(2A_{\overline{G}}x-e)\leqslant\lambda_n(A_{\overline{G}})e$$

时，$x$ 是问题($MC$)的一个全局最优解。再由定理 3.3.1,可得：$x$ 定义了 $G$ 的一个极大团：$C=\{i\in\{1,\cdots,n\}: x_i=1\}$，团的大小 $|C|=\sum_{i=1}^{n}x_i$。证毕。

**定理 3.3.3** 设 $A_G=(a_{ij})$ 是简单图 $G$ 的邻接矩阵，$A_{\overline{G}}=(\bar{a}_{ij})$ 是 $G$ 的补图 $\overline{G}$ 的邻接矩阵。若 $x\in\{0,1\}^n$ 定义了 $G$ 的一个极大团：$C=\{i\in\{1,\cdots,n\}: x_i=1\}$，则

$$(2X-I)(2A_{\overline{G}}x-e)\leqslant 0$$

**证明**：由定理 3.3.1,若 $x\in\{0,1\}^n$ 定义了 $G$ 的一个极大团：$C=\{i\in\{1,\cdots,n\}: x_i=1\}$，则 $x$ 是问题($MC$)的最优解。对于不定二次规划问题($MC$)，由第二章定理 2.2.8，$x$ 应当满足 $2(2X-I)Ax\leqslant \mathrm{Diag}(A)e$。而 $\mathrm{Diag}(A)e=\mathrm{Diag}(A_{\overline{G}}-I)e=\mathrm{Diag}(A_{\overline{G}})e-e=-e$，

因此

$$2(2X-I)A_{\overline{G}}x-2x\leqslant -e$$

$$2(2X-I)A_{\overline{G}}x\leqslant 2x-e=(2X-I)e$$

成立。于是得到本定理的结论，证毕。

因为

$$\bar{a}_{ij}=\begin{cases}1-a_{ij}, & \text{若 } i\neq j\\ 0, & \text{若 } i=j\end{cases}$$

将上述两个定理结论中的不等式写成元素形式，就得到了下面两个推论。

**推论 3.3.1** 设 $A_G=(a_{ij})$ 是简单图 $G$ 的邻接矩阵，若对 $i=1,\cdots,n$，当 $x_i=1$ 时，

$$2\sum_{j=1,\,j\neq i}^{n}(1-a_{ij})x_j-1\leqslant \lambda_n(A_{\overline{G}})$$

当 $x_i = 0$ 时，

$$2\sum_{j=1,\ j\neq i}^{n}(1-a_{ij})x_j - 1 \geqslant \lambda_n(A_{\overline{G}})$$

则 $x$ 是问题(MC)的一个全局最优解。并且，$x$ 定义了 $G$ 的一个极大团：$C = \{i \in \{1, \cdots, n\}: x_i = 1\}$，团的大小 $|C| = \sum_{i=1}^{n} x_i$。

**推论 3.3.2** 设 $A_G = (a_{ij})$ 是简单图 $G$ 的邻接矩阵，若 $x \in \{0, 1\}^n$ 定义了 $G$ 的一个极大团：$C = \{i \in \{1, \cdots, n\}: x_i = 1\}$，则对 $i = 1, \cdots, n$，当 $x_i = 1$ 时，

$$2\sum_{j=1,\ j\neq i}^{n}(1-a_{ij})x_j - 1 \leqslant 0$$

当 $x_i = 0$ 时，

$$2\sum_{j=1,\ j\neq i}^{n}(1-a_{ij})x_j - 1 \geqslant 0$$

另外，我们将在下一章中讨论关于无约束的 0-1 二次问题的算法。显然这些算法也可以被用于解极大团问题。

### §3.3.2 二次分派问题

二次分派问题(the Quadratic Assignment Problem，简记为 QAP)是一个 NP-完备问题。它在实际中有着广泛的应用。选址问题就是其中一个著名的例子。一般地，二次分派问题可以用如下形式表述：

给定一个整数 $n$，两个 $n \times n$ 矩阵 $A = (a_{ij})$ 和 $B = (b_{ij})$。设 $A = (a_{ij})$ 和 $B = (b_{ij})$ 的元素都是非负的。要求集合 $\{1, 2, \cdots, n\}$ 的一个置换 $p = (p(1), \cdots, p(n))$，使得 $C(p) = \sum_{i=1}^{n}\sum_{j=1}^{n} a_{ij} b_{p(i)p(j)}$ 最小。

二次分派问题(QAP)可以写成如下的 0-1 问题，参见文献[33]：

$$(QAP)\quad \begin{aligned} &\min \sum_{i=1}^{n}\sum_{j=1}^{n}\sum_{k=1}^{n}\sum_{l=1}^{n} a_{ij}b_{kl}x_{ik}x_{jl} \\ &s.t. \sum_{i=1}^{n} x_{ij} = 1 \quad (j = 1, \cdots, n) \\ &\qquad \sum_{j=1}^{n} x_{ij} = 1 \quad (i = 1, \cdots, n) \\ &\qquad x_{ij} \in \{0, 1\}^{n} \quad (i, j = 1, \cdots, n) \end{aligned}$$

进一步,我们可以将它写成带有线性等式约束的 0-1 二次规划的问题。

首先,目标函数可以表示为

$$\begin{aligned} &\sum_{i=1}^{n}\sum_{j=1}^{n}\sum_{k=1}^{n}\sum_{l=1}^{n} a_{ij}b_{kl}x_{ik}x_{jl} \\ &= \sum_{i=1}^{n}\sum_{j=1}^{n} a_{ij} \sum_{k=1}^{n}\sum_{l=1}^{n} b_{kl}x_{ik}x_{jl} \\ &= \sum_{i=1}^{n}\sum_{j=1}^{n} a_{ij}(x_{i1}, \cdots, x_{in}) \begin{pmatrix} b_{11} & \cdots & b_{1n} \\ \cdots & \cdots & \cdots \\ b_{n1} & \cdots & b_{nn} \end{pmatrix} \begin{pmatrix} x_{j1} \\ \vdots \\ x_{jn} \end{pmatrix} \\ &= (X_1, \cdots, X_n) \begin{pmatrix} B_{11} & \cdots & B_{1n} \\ \cdots & \cdots & \cdots \\ B_{n1} & \cdots & B_{nn} \end{pmatrix} \begin{pmatrix} X_1 \\ \vdots \\ X_n \end{pmatrix} \\ &= (X_1, \cdots, X_n) \begin{pmatrix} a_{11}b_{11} & \cdots & a_{11}b_{1n} & \cdots & a_{1n}b_{11} & \cdots & a_{1n}b_{1n} \\ \cdots & \cdots & \cdots & \cdots & \cdots & \cdots & \cdots \\ a_{11}b_{n1} & \cdots & a_{11}b_{nn} & \cdots & a_{1n}b_{n1} & \cdots & a_{1n}b_{nn} \\ \cdots & \cdots & \cdots & \cdots & \cdots & \cdots & \cdots \\ a_{n1}b_{11} & \cdots & a_{n1}b_{1n} & \cdots & a_{nn}b_{11} & \cdots & a_{nn}b_{1n} \\ \cdots & \cdots & \cdots & \cdots & \cdots & \cdots & \cdots \\ a_{n1}b_{n1} & \cdots & a_{n1}b_{nn} & \cdots & a_{nn}b_{n1} & \cdots & a_{nn}b_{nn} \end{pmatrix} \begin{pmatrix} x_{11} \\ \vdots \\ x_{1n} \\ \vdots \\ x_{n1} \\ \vdots \\ x_{nn} \end{pmatrix} \\ &= x^{T}Sx \end{aligned}$$

其中 $X_i=(x_{i1},\cdots,x_{in})^T$，$B_{ij}=\begin{pmatrix} a_{ij}b_{11} & \cdots & a_{ij}b_{1n} \\ \cdots & \cdots & \cdots \\ a_{ij}b_{n1} & \cdots & a_{ij}b_{nn} \end{pmatrix}$。即 $S=(B_{ij})$，

而 $B_{ij}=(a_{ij}B)$。$x=(x_{11},\cdots,x_{1n},\cdots,x_{n1},\cdots,x_{nn})\in R^{n^2}$。

而对于线性约束，由于对所有的 $i=1,\cdots,n$ 以及 $j=1,\cdots,n$，

$$\sum_{i=1}^{n}x_{ij}=\sum_{i=1}^{n}0x_{i1}+\cdots+\sum_{i=1}^{n}0x_{ij-1}+\sum_{i=1}^{n}x_{ij}+\sum_{i=1}^{n}0x_{ij+1}+\cdots+\sum_{i=1}^{n}0x_{in},$$

$$\sum_{j=1}^{n}x_{ij}=\sum_{j=1}^{n}0x_{1j}+\cdots+\sum_{j=1}^{n}0x_{i-1j}+\sum_{j=1}^{n}x_{ij}+\sum_{j=1}^{n}0x_{i+1j}+\cdots+\sum_{j=1}^{n}0x_{nj}$$

如果 $x=(x_{11},\cdots,x_{1n},\cdots,x_{n1},\cdots,x_{nn})\in R^{n^2}$，那么令：

$$c_j=(e_j,\cdots,e_j,\cdots,e_j)\in R^{n^2}$$

$$c_{n+j}=(0,\cdots,0,e,0,\cdots,0)\in R^{n^2}$$

其中 $e=(1,\cdots,1)^T\in R^n$，$\{e_j\}_{j=1}^{n}$ 是 $R^n$ 中的单位向量。则($QAP$)中的线性约束就变成

$$c_j^T x=d_j=1,\quad j=1,\cdots,n$$

以及

$$c_{n+j}^T x=d_{n+j}=1,\quad j=1,\cdots,n$$

这样，二次分派问题就与如下的带有线性等式约束的 0－1 二次规划问题等价。

$$\begin{aligned} &\min x^T Sx \\ (QAP)\quad & s.t.\ c_j^T x=1,\ j=1,\cdots,n \\ & c_{n+j}^T x=1,\ j=1,\cdots,n \\ & x\in\{0,1\}^{n^2} \end{aligned}$$

记上述问题的可行集为$\overline{S}=\{x: c_j^T x=1, c_{n+j}^T x=1, j=1, \cdots, n, x\in\{0, 1\}^{n^2}\}$。同时,将可行集中的系数向量$c_j$、$c_{n+j}$合并写成矩阵

$$C=\begin{bmatrix} e & 0 & \cdots & 0 & e_1 & e_2 & \cdots & e_n \\ 0 & e & \cdots & 0 & e_1 & e_2 & \cdots & e_n \\ \cdots & & & & \cdots & & & \\ 0 & 0 & \cdots & e & e_1 & e_2 & \cdots & e_n \end{bmatrix}$$

我们可以得到如下推断:

首先,由本章定理 3.2.1 可得,如果存在$v\in R^{2n}$,使得对$x\in\{0, 1\}^{n^2}$, $X=\mathrm{diag}(x)$,有

$$2(2X-I)(Sx+Cv)\leqslant\lambda_n(S)(e^T, \cdots, e^T)^T, \qquad (3.3.1)$$

成立,那么$x$是$(QAP)$的一个全局解。

其次,因为对$x\in\overline{S}$, $2x_i-1=\pm 1$,所以(3.3.1)也可以元素形式写成$2n$个不等式。这些不等式可用于寻找某些已知解的相应的 Lagrangian 乘子。

第三,由本章定理 3.3.2,$(QAP)$与它的罚问题的全局最优解集是相同的。因此可以推断,我们可以根据给定的矩阵$A=(a_{ij})_{n\times n}$和$B=(b_{ij})_{n\times n}$,写出$n^2\times n^2$阶矩阵$S=(a_{ij}B)$。进而我们可确定下面两个常数:

$$\bar{q}>\max_{x\in\{0, 1\}^{n^2}} x^T Sx, \quad \underline{q}<\min_{x\in\{0, 1\}^{n^2}} x^T Sx$$

由于矩阵$A$和$B$都是非负的,所以

$$\max_{x\in\{0, 1\}^{n^2}} x^T Sx\leqslant(1, \cdots, 1)^T S(1, \cdots, 1)$$

$$=\sum_{i=1}^n\sum_{j=1}^n\sum_{k=1}^n\sum_{l=1}^n a_{ij}b_{kl}$$

而$\min_{x\in\{0, 1\}^{n^2}} x^T Sx=0$,故取$\bar{q}=\sum_{i=1}^n\sum_{j=1}^n\sum_{k=1}^n\sum_{l=1}^n a_{ij}b_{kl}+1$, $\underline{q}=-1$,以及

$$\mu_1 = 2(\bar{q} - \underline{q}) = 2\sum_{i=1}^{n}\sum_{j=1}^{n}\sum_{k=1}^{n}\sum_{l=1}^{n} a_{ij}b_{kl} + 4$$

这样,相应的罚问题就为

$$\min q_{\mu_1}(x) = x^T Sx + \mu_1\Big(\sum_{j=1}^{n}(c_j^T x - 1)^2 + \sum_{j=1}^{n}(c_{n+j}^T x - 1)^2\Big)$$

$$s.t.\ \ x \in \{0,\ 1\}^{n^2}$$

由第二节的定理 3.2.2 可得,这个罚问题的最优解就是原二次分派问题的全局最优解。在下一章,我们将要给出无约束的 0-1 二次规划问题的一个算法。如果我们能够用算法得到罚问题的解,那么也就得到了原二次分派问题的全局最优解。

# 第四章　无约束 0-1 二次规划的算法

## §4.1　引言

在前两章,我们讨论了 0-1 二次规划的全局最优性条件,包括无约束的 0-1 二次问题和带有线性约束的 0-1 二次问题。为了在实际中更好地解此类问题,我们在本章讨论此类问题的算法,主要是针对无约束问题的研究。这些算法是建立在前两章所给出的全局最优性条件的基础上的。

对于一般的无约束的 0-1 二次规划问题,

$$(D)\quad \min q(x)=\frac{1}{2}x^TQx+b^Tx$$

$$s.t.\ x\in\{0,1\}^n$$

最常用的方法是分枝定界法。文献[33]中对此有详尽的阐述。对分枝定界方法的很多工作是围绕着分枝的方法及定界的技术展开的,但计算工作量和存储量都极大。在此,我们感兴趣的是另一种经典的解离散问题的方法——松弛方法。我们认为,如果一个离散问题松弛以后的连续问题能够较容易得到全局最优解的话,松弛方法将是一个非常有效的方法。所以,我们将 0-1 问题的约束集松弛,得到[0, 1]上的一个连续的二次问题。通过建立原 0-1 问题与松弛以后连续问题的全局最优解之间的联系,我们就可以得到原 0-1 问题的全局最优解。正如我们在第二章中所介绍的,当系数矩阵 $Q$ 是正定矩阵时,我们已经对原 0-1 问题和其松弛问题的全局最优解之间的关系进行了讨论。这就使我们的算法设计有了实现的可能。

长期以来，对全局优化问题的研究，在一定程度上受到全局最优性条件的制约。而很多全局最优性条件的研究又仅仅停留在理论范畴内讨论。J. B. Hiriart-Urruty 在文献[28 - 29]中都指出，将全局最优条件发展成为算法是非常重要的工作。因此，我们在这一方面做一些探讨。

在文献[7] 中，对于问题 $\min\left\{q(x)=\frac{1}{2}x^TQx+b^Tx: x\in\{-1, 1\}^n\right\}$，假设 $x$ 是其松弛问题 $\min\left\{q(x)=\frac{1}{2}x^TQx+b^Tx: -1\leqslant x_i\leqslant 1, i=1, \cdots, n\right\}$ 的最优解，$y$ 是原问题的全局最优解。作者讨论了当 $Q$ 为半正定矩阵时，$x$ 与 $y$ 之间的关系。作者写到，如果对某些 $i$，$x_i^2\neq 1$，那么可以用如下方式得到相应的 $y$ 值。令 $y_i=\sigma(x_i)$，其中，若 $x_i\geqslant 0$，则 $\sigma(x_i)=1$；否则，$\sigma(x_i)=-1$。在文献[7]中有这样一个例子。在例中，$x=(-0.875, -0.875, -1, 0.625)^T$。作者选取了一个“最接近于”$x$ 的点 $y$，$y=(-1, -1, -1, 1)^T$。然后验证了 $YQ(y-x)\leqslant\lambda_n(Q)e$ 对这个 $y$ 是满足的。于是根据定理 2.2.4，$y$ 就是原问题的全局最优解了。然而我们发现，这个方法对文献[7]中所讨论的问题并不总是能够成功。

我们想要把这个思想运用于求解 0-1 二次规划问题。同样我们发现，并不是每一次都能成功。甚至当 $Q$ 是半正定矩阵时也是如此。

**例 4.4.1** 考虑 0-1 二次问题($D$)，设 $Q=\begin{pmatrix}2 & 0 & -7\\ 0 & 12 & 1\\ -7 & 1 & 44\end{pmatrix}$，$b=\begin{pmatrix}7\\ -4\\ -8\end{pmatrix}$。易见 $\lambda_n(Q)=0.8617$，$Q$ 是半正定的矩阵。该问题的松弛问题的最优解是：$x=(1, 0.8767, 0.4801)^T$。如果我们取“最接近于”$x$ 的点 $y$，$y=(1, 1, 0)^T$，计算得到 $2(2Y-I)Q(y-x)=$

$(6.2714, 1.999, 42.0022)^T \geqslant \lambda_n(Q)e$。所以定理 2.2.10 中的条件并不成立。事实上，$y$ 并不是原问题的全局最优解。因为它并不满足定理 2.2.8 中的必要条件。

我们自然要考虑这个问题：在什么情况下，条件 $2(2Y-I)Q(y-x) \leqslant \lambda_n(Q)e$ 将会成立？而取"最接近点"的方法又何时能够成功？这些问题将会成为本章讨论的重点之一。

在下一节，我们先给出解无约束 0－1 二次规划问题的一个算法。第二节着重研究我们在第二章所给出的一些全局最优条件之间的关系。在清楚这些关系之后，我们在第四节中对算法作进一步的讨论。

本章第二节的内容来自[93]。第三节和第四节的内容来自[10]。

## §4.2 无约束 0－1 二次规划问题的一个算法

在本节，我们仍然考虑如下无约束的 0－1 二次规划问题：

$$(D) \quad \min q(x) = \frac{1}{2}x^TQx + b^Tx$$

$$s.t.\ x \in \{0, 1\}^n$$

首先，$(D)$可以被转化为一个等价的问题$(\overline{D}_\mu)$，它是一个在约束 $x \in \{0, 1\}^n$ 下极小化一个凸函数的问题。

$$(\overline{D}_\mu) \quad \min q_\mu(x) = \frac{1}{2}x^T(\overline{Q} + \mu I)x + \left(\frac{1}{2}q + b - \frac{1}{2}\mu e\right)^T x$$

$$= \frac{1}{2}x^T\overline{Q}_\mu x + \overline{b}_\mu^T x$$

$$s.t.\ x \in \{0, 1\}^n$$

这里，$\overline{Q} = Q - \mathrm{Diag}(Q)$，$q = (q_{11}, q_{22}, \cdots, q_{nn})^T$，$\overline{Q}_\mu = \overline{Q} + \mu I$，$\overline{b}_\mu = \frac{1}{2}q + b - \frac{1}{2}\mu e$。$\overline{Q}_\mu$ 的对角线元素为 $\mu$，其他元素与 $Q$ 中的元素

相同，为 $q_{ij}$，$i \neq j$。当 $\mu \geqslant -\lambda_n(\overline{Q})$ 时，$\overline{Q}_\mu$ 是半正定的矩阵。而且，当 $x \in \{0, 1\}^n$ 时，$q_\mu(x) = q(x)$。所以问题$(D)$和问题$(\overline{D}_\mu)$等价。

$(\overline{D}_\mu)$的松弛问题为

$$(\overline{C}_\mu) \quad \min q_\mu(x) = \frac{1}{2}x^T \overline{Q}_\mu x + \overline{b}_\mu^T x$$

$$s.t.\ (2x_i - 1)^2 \leqslant 1,\ i = 1, \cdots, n$$

显然，由于等式约束 $(2x_i - 1)^2 = 1$, $i = 1, \cdots, n$, $(\overline{D}_\mu)$是一个非凸的二次规划问题。但它的松弛问题$(\overline{C}_\mu)$是一个凸的二次规划问题，并且能够在多项式时间内解出。下面，我们将证明我们可以通过问题$(\overline{C}_\mu)$的最优解，得到原问题$(D)$的全局最优解。为此，先给出下面的基本算法。

**算法 1**

步 1　解凸的二次规划问题$(\overline{C}_\mu)$，记它的最优解为 $x$。

步 2　若 $(2x_i - 1)^2 = 1$，令 $y_i = x_i$；若 $0 < x_i < \frac{1}{2}$，令 $y_i = 0$；若$\frac{1}{2} < x_i < 1$，令 $y_i = 1$。若存在 $i_0 \in \{1, \cdots, n\}$, $x_{i_0} = \frac{1}{2}$，转步 3。

步 3　算法终止。

由以上算法得到的 $y$ 是问题$(D)$的一个可行解。下面的所要做的工作是决定 $y$ 是否是问题$(D)$的全局最优解。我们将要讨论两种解决的办法。首先，定理 2.2.10 中给出了这样一个充分条件：当 $Q$ 半正定时，当原问题的可行点 $y$ 和松弛问题的解 $x$ 之间满足 $2(2Y - I)Q(y - x) \leqslant \lambda_n(Q)e$ 时，$y$ 是原问题的最优解。从这个定理出发，我们得到下面的定理。

**定理 4.2.1**　设问题$(\overline{D}_\mu)$中的$\overline{Q}_\mu$ 是半正定矩阵，$x$ 是其松弛问题$(\overline{C}_\mu)$的最优解。并假设不存在 $i \in \{1, \cdots, n\}$，使得 $x_i = \frac{1}{2}$。定义 $y \in \{0, 1\}^n$ 如下：当 $(2x_i - 1)^2 = 1$ 时，$y_i = x_i$；当 $0 < x_i < \frac{1}{2}$ 时，

$y_i = 0$;当$\frac{1}{2} < x_i < 1$时，$y_i = 1$。若

$$\mu \geqslant \frac{\alpha \max\limits_{1 \leqslant i \leqslant n} \sum\limits_{j=1,\, j \neq i}^{n} |q_{ij}| - \lambda_n(\overline{Q})}{1-\alpha}$$

其中$\alpha = \max\limits_{1 \leqslant i \leqslant n} 2 | y_i - x_i | < 1$，则$y$是问题$(\overline{D}_\mu)$和$(D)$的全局最优解。

**证明：**我们将要证明定理2.2.10中的第二个条件能够被满足。对问题$(\overline{D}_\mu)$和$(\overline{C}_\mu)$而言，这个条件可以写成$2(2Y-I)\overline{Q}_\mu(y-x) \leqslant \lambda_n(\overline{Q}_\mu)e$。根据特征值的性质，$\lambda_n(\overline{Q}_\mu) = \lambda_n(\overline{Q}) + \mu$，且$\lambda_n(\overline{Q}) < 0$，因为$\mathrm{Diag}(\overline{Q})e = (0, \cdots, 0)^T$。

对所有的$i = 1, \cdots, n$，易证按本定理的假设所定义的$y$满足$2 | y_i - x_i | < 1$。而矩阵$2Y - I$的对角元素将是$-1$，若$-\frac{1}{2} < y_i - x_i = -x_i < 0$；或者1，若$0 < y_i - x_i = 1 - x_i < \frac{1}{2}$。于是向量$2(2Y-I)\overline{Q}_\mu(y-x)$的第$i$个元素为

$$\begin{aligned}
&(2(2Y-I)\overline{Q}_\mu(y-x))_i \\
&= (2(2Y-I)(\overline{Q}+\mu I)(y-x))_i \\
&= 2(2Y-I)_{ii}(\mu(y_i - x_i) + \sum_{j=1,\, j\neq i}^{n} q_{ij}(y_j - x_j)) \\
&= 2(\pm 1)(\mu(y_i - x_i) + \sum_{j=1,\, j\neq i}^{n} q_{ij}(y_j - x_j)) \\
&\leqslant c_\mu = \alpha \max_{1 \leqslant i \leqslant n}(\mu + \sum_{j=1,\, j\neq i}^{n} |q_{ij}|)
\end{aligned}$$

其中$0 < \alpha = \max\limits_{1 \leqslant i \leqslant n} 2 | y_i - x_i | < 1$，$q_{ij}(i \neq j)$是$\overline{Q}$的元素。当

$$c_\mu = \alpha \max_{1 \leqslant i \leqslant n}\left(\mu + \sum_{j=1,\, j\neq i}^{n} |q_{ij}|\right) \leqslant \lambda_n(Q_\mu) = \lambda_n(\overline{Q}) + \mu$$

时，我们有

$$\mu(1-\alpha) \geqslant \alpha \max_{1 \leqslant i \leqslant n} \sum_{j=1,\ j \neq i}^{n} \mid q_{ij} \mid - \lambda_n(\overline{Q})$$

$$\mu \geqslant \frac{\alpha \max\limits_{1 \leqslant i \leqslant n} \sum\limits_{j=1,\ j \neq i}^{n} \mid q_{ij} \mid - \lambda_n(\overline{Q})}{1-\alpha}$$

这样,定理2.2.10中的第二个条件成立,$y$是问题($\overline{D}_\mu$)和($D$)的全局解。证毕。

上述定理中的$\mu$与$\alpha$有关。而$\alpha$又与问题($\overline{C}_\mu$)的最优解$x$有关。所以,$\mu$会随着$x$改变,并且不能事先确定。为解决这个问题,我们先取$\varepsilon > 0$,然后令$y_i = 0$,若$0 < x_i < \frac{1}{2} - \frac{1}{2}\varepsilon$;$y_i = 1$,若$\frac{1}{2} + \frac{1}{2}\varepsilon < x_i < 1$;$y_i = x_i$,若$(2x_i - 1)^2 = 1$。这样,对所有的$i = 1, \cdots, n$,$\mid y_i - x_i \mid < \frac{1}{2} - \frac{1}{2}\varepsilon$。而且

$$\begin{aligned} & (2(2Y-I)\overline{Q}_\mu(y-x))_i \\ = & 2(\pm 1)(\mu(y_i - x_i) + \sum_{j=1,\ j \neq i}^{n} q_{ij}(y_j - x_j))_i \\ \leqslant & (1-\varepsilon)(\mu + \max_{1 \leqslant i \leqslant n} \sum_{i,\ j=1,\ j \neq i}^{n} \mid q_{ij} \mid) \end{aligned}$$

于是当

$$\mu \geqslant \frac{(1-\varepsilon) \max\limits_{1 \leqslant i \leqslant n} \sum\limits_{j=1,\ j \neq i}^{n} \mid q_{ij} \mid - \lambda_n(\overline{Q})}{\varepsilon}$$

时,$(2(2Y-I)\overline{Q}_\mu(y-x))_i \leqslant \lambda_n(\overline{Q}) + \mu$将会对所有的$1 = 1, \cdots, n$成立。定理2.2.10中的第二个条件也会成立。与前面不同,现在$q_{ij}$是已知的,$\lambda_n(\overline{Q})$可以通过计算得到,$\varepsilon > 0$是给定的,所以$\mu$可以被确定。但也应当注意到,当$\mu > 0$越来越大时,$\overline{Q}_\mu$的对角元素会越来越大,$\overline{Q}_\mu$将会趋向于$\mu I$,于是($\overline{C}_\mu$)的最优解$x$就会趋向于

$\left(\frac{1}{2}, \cdots, \frac{1}{2}\right)^T$。所以，$\mu$ 不能太大。适当的选择是取：

$$\mu_0 = \frac{(1-\varepsilon) \max\limits_{1 \leqslant i \leqslant n} \sum\limits_{j=1, j \neq i}^{n} |q_{ij}| - \lambda_n(\overline{Q})}{\varepsilon} \tag{4.2.1}$$

通过上面的讨论，我们建立了下面的算法来确定 $y$ 是否是问题 $(D)$ 的全局最优解。

**算法 2**

步 1　选择 $0 < \varepsilon < 1$，根据(4.2.1)式计算 $\mu_0$。

步 2　令 $\mu = \mu_0$，由算法 1，得到 $x$ 和 $y$。

步 3　若对所有的 $0 \leqslant i \leqslant n$，$x_i \in \left[0, \frac{1}{2} - \frac{1}{2}\varepsilon\right)$ 或 $x_i \in \left(\frac{1}{2} + \frac{1}{2}\varepsilon, 1\right]$，则 $y$ 问题 $(D)$ 的全局最优解。算法终止。

否则，若存在 $i_0$，使得 $x_{i_0} \in \left(\frac{1}{2} - \frac{1}{2}\varepsilon, \frac{1}{2} + \frac{1}{2}\varepsilon\right)$，则本算法不能确定 $y$ 是否是问题 $(D)$ 的全局最优解，算法终止。

**例 4.2.1**　设问题 $(D)$ 中的 $Q = \begin{pmatrix} 10 & -2 \\ -2 & -5 \end{pmatrix}$，$b = \begin{pmatrix} -0.6 \\ 1.2 \end{pmatrix}$。可以算出 $\lambda_n(\overline{Q}) = -2$。首先，我们取 $\varepsilon = 0.8$，则 $\left(\frac{1}{2} - \frac{1}{2}\varepsilon, \frac{1}{2} + \frac{1}{2}\varepsilon\right) = (0.1, 0.9)$，$\mu_0 = \frac{4-2\varepsilon}{\varepsilon} = 3$。令 $\mu = 3$，则相应的问题 $(C_\mu)$ 的最优解是 $x = (0, 0.933)^T$。令 $y = (0, 1)^T$。由于 $x_1$，$x_2$ 都不在区间 $(0.1, 0.9)$ 内，所以 $y = (0, 1)^T$ 是原问题 $(D)$ 的全局最优解。事实上，因为 $2(2Y-I)(\overline{Q}_\mu y + \overline{b}_\mu) = (-1.4, -0.3) \leqslant 0 = \lambda_n(\overline{Q}_\mu)e$，所以由定理 2.2.10，$y = (0, 1)^T$ 是问题 $(D_\mu)$ 的全局最优解，因而也是问题 $(D)$ 的全局最优解。

如果我们选择 $\varepsilon = 0.1$，则 $\mu_0 = 38$，$\left(\frac{1}{2} - \frac{1}{2}\varepsilon, \frac{1}{2} + \frac{1}{2}\varepsilon\right) =$

(0.45, 0.55)。令 $\mu=38$，我们得到问题($\overline{C}_\mu$)的最优解是 $x=(0.4135, 0.556)^T$。同样，$x_1$ 和 $x_2$ 都不在区间(0.45, 0.55)内，于是 $y=(0, 1)^T$ 是本例中问题($D$)的全局最优解。

**例 4.2.2** 设问题($D$)中的 $Q=\begin{pmatrix}2 & 1\\ 1 & -3\end{pmatrix}$，$b=\begin{pmatrix}-0.6\\ 1.2\end{pmatrix}$。则 $\lambda_n(\overline{Q})=-1$。首先，我们取 $\varepsilon=0.8$，则 $\left(\frac{1}{2}-\frac{1}{2}\varepsilon, \frac{1}{2}+\frac{1}{2}\varepsilon\right)=(0.1, 0.9)$，$\mu_0=\frac{2}{\varepsilon}-1=1.5$。令 $\mu=1.5$，则问题($\overline{C}_\mu$)的最优解为 $x=(0, 0.7)^T$。因为 $x_2=0.7\in(0.1, 0.9)$，所以不能确定 $y=(0, 1)^T$ 是本例的全局最优解。

如果另取 $\varepsilon=0.1$，则 $\mu_0=19$，$\left(\frac{1}{2}-\frac{1}{2}\varepsilon, \frac{1}{2}+\frac{1}{2}\varepsilon\right)=(0.45, 0.55)$。令 $\mu=19$，我们得到问题($\overline{C}_\mu$)的最优解是 $x=(0.4531, 0.4919)^T$。由于 $x_1$ 和 $x_2$ 都在区间(0.45, 0.55)内，我们也不能确定 $y=(0, 0)^T$ 是否是本例的全局最优解。

如何决定由算法 1 得到的 $y$ 是否是问题($D$)的全局最优解，还有另外一种途径。在本节定理 4.2.1 的证明过程中，用到了定理 2.2.10。由于定理 2.2.10 是 $y$ 成为问题($D$)的全局最优的充分条件，那么也存在这样的可能性：$y$ 是问题($D$)全局最优解，但 $y$ 并不满足该定理中的充分条件，因而使算法 2 失效。所以，我们考虑其他一些关于 0－1 二次规划的全局最优解的充分条件。如果 $y$ 满足其中之一，那么 $y$ 就是问题($D$)的全局最优解。如果 $y$ 不满足任何充分条件，那么我们可以检验必要条件。根据第二章中的一些相关的结论，我们设计了如下的算法。

**算法 3**

步 1　令 $\mu=-\lambda_n(\overline{Q})$，解相应的二次凸规划问题 ($\overline{C}_\mu$)，记它的解为 $x$。

步 2　当 $(2x_i-1)^2=1$ 时，令 $y_i=x_i$；当 $0<x_i\leqslant\frac{1}{2}$ 时，令

$y_i=0$；当$\frac{1}{2}<x_i<1$时，令 $y_i=1$。

步 3　检验以下的充分条件。如果其中之一成立，则 $y$ 是问题$(D)$的最优解。算法终止。

(1) $2(2Y-I)(Qy+b)\leqslant \lambda_n(Q)e$；

(2) $2(2Y-I)(\overline{Q}_\mu y+\overline{b}_\mu)\leqslant \lambda_n(\overline{Q}_\mu)e=0$；

(3) $2(2Y-I)\overline{Q}_\mu(y-x)\leqslant \lambda_n(\overline{Q}_\mu)e=0$。

否则，转步 4。

步 4　检验以下的必要条件。如果它们都成立，则 $y$ 可能是问题$(D)$的最优解。算法终止。

(1) $2(2Y-I)(Qy+b)\leqslant \mathrm{Diag}(Q)e$；

(2) $2(2Y-I)(\overline{Q}_\mu y+\overline{b}_\mu)\leqslant \mathrm{Diag}(\overline{Q}_\mu)e=\mu e$。

否则，$y$ 不是问题$(D)$的最优解。算法终止。

**注 4.2.1**　我们在此仅列举了两个必要条件。事实上，第二章第五节中的必要条件都可以在此用于检验 $y$ 是否是问题$(D)$和$(D_\mu)$的全局最优解。

**注 4.2.2**　若存在 $i_0$，使得 $x_{i_0}=\frac{1}{2}$，我们在此令 $y_{i_0}=0$。事实上，$y_{i_0}=0$ 或 $y_{i_0}=1$ 而得到的 $y$，都有可能成为问题$(D)$的最优解。

**例 4.2.3**　设问题$(D)$中的$Q=\begin{pmatrix}-5 & 2 & 4\\ 2 & 7 & -2\\ 4 & -2 & 1\end{pmatrix}$，$b=\begin{pmatrix}2.5\\ 6\\ 2\end{pmatrix}$。

因为$\lambda_n(\overline{Q})=-5.4641$，故令$\mu=5.4641$，得到问题$(\overline{C}_\mu)$的最优解是$x=(0.5, 0, 0)^T$。令$y^{(1)}=(0, 0, 0)^T$，$y^{(2)}=(1, 0, 0)^T$。它们都是本例中问题$(D)$的最优解，$q(y^{(1)})=q(y^{(2)})=0$。易证 $y^{(1)}$和 $y^{(2)}$满足算法 3 中的必要条件，但不满足充分条件。

下面的定理是对算法 3 中的第三个充分条件的讨论。

**定理 4.2.2**　设 $\mu=-\lambda_n(\overline{Q})$，考虑问题$(D)$和问题$(\overline{C}_\mu)$。设 $x$ 是问题$(\overline{C}_\mu)$的最优解，$y$ 由算法 1 得到。如果当 $y_i=0$ 时，有

$$-\lambda_n(\overline{Q})x_i+\sum_{j\neq i,\ 0<x_j\leqslant 0.5}q_{ij}x_j-\sum_{j\neq i,\ 0.5<x_j<1}q_{ij}(1-x_j)\leqslant 0,$$

当 $y_i=1$ 时，

$$-\lambda_n(\overline{Q})(1-x_i)-\sum_{j\neq i,\ 0<x_j\leqslant 0.5}q_{ij}x_j+\sum_{j\neq i,\ 0.5<x_j<1}q_{ij}(1-x_j)\leqslant 0,$$

则 $y$ 是问题$(D)$的全局最优解。

**证明：** 若 $\mu=-\lambda_n(\overline{Q})$，则 $\lambda_n(\overline{Q}_\mu)=\lambda_n(\overline{Q})+\mu=0$，定理2.2.10中的不等式 $2(2Y-I)\overline{Q}_\mu(y-x)\leqslant\lambda_n(\overline{Q}_\mu)e$ 等价于：对所有的 $i=1,\cdots,n$，下面各式成立。

$$-2\lambda_n(\overline{Q})(2y_i-1)(y_i-x_i)+2(2y_i-1)\sum_{j=1,\ j\neq i}^{n}q_{ij}(y_j-x_j)\leqslant 0 \tag{4.2.2}$$

当 $y_i=0$ 时，则(4.2.2)可化为

$$-\lambda_n(\overline{Q})x_i-\Big(\sum_{j\neq i,\ x_j=y_j}q_{ij}(y_j-x_j)+\sum_{j\neq i,\ y_j=0}-q_{ij}x_j+\sum_{j\neq i,\ y_j=1}q_{ij}(1-x_j)\Big)\leqslant 0$$

此式即为

$$-\lambda_n(\overline{Q})x_i+\sum_{j\neq i,\ 0<x_j\leqslant 0.5}q_{ij}x_j-\sum_{j\neq i,\ 0.5<x_j<1}q_{ij}(1-x_j)\leqslant 0$$

当 $y_i=1$ 时，则(4.2.2)式可化为

$$-\lambda_n(\overline{Q})(1-x_i)+\sum_{j\neq i,\ x_j=y_j}q_{ij}(y_j-x_j)+\sum_{j\neq i,\ y_j=0}-q_{ij}x_j+\sum_{j\neq i,\ y_j=1}q_{ij}(1-x_j))\leqslant 0$$

此式即为

$$-\lambda_n(\overline{Q})(1-x_i)-\sum_{j\neq i,\ 0<x_j\leqslant 0.5}q_{ij}x_j+\sum_{j\neq i,\ 0.5<x_j<1}q_{ij}(1-x_j)\leqslant 0$$

所以,当定理的假设成立时,定理 2.2.10 能够得到满足,于是 $y$ 是问题$(D)$的全局最优解。证毕。

**例 4.2.4** 设问题$(D)$中的 $Q=\begin{pmatrix}1 & 6\\ 6 & -5\end{pmatrix}$, $b=\begin{pmatrix}-0.6\\ 1.2\end{pmatrix}$。易得 $\lambda_n(Q)=-8.7082$, $\lambda_n(\overline{Q})=-6$。令 $\mu=6$, 则问题 $(\overline{C}_\mu)$ 的最优解为 $x=(0,\ 0.7167)^T$。

对于 $x_1=0$, $-\lambda_n(\overline{Q})x_1+\sum_{j\neq i,\ 0<x_j\leqslant 0.5} q_{ij}x_j-\sum_{j\neq i,\ 0.5<x_j<1} q_{ij}(1-x_j)=-q_{12}(1-x_2)=-6\times(1-0.7167)=-1.6998<0$。

对于 $x_2=0.7167$, $-\lambda_n(\overline{Q})(1-x_2)-\sum_{j\neq i,\ 0<x_j\leqslant 0.5} q_{ij}x_j+\sum_{j\neq i,\ 0.5<x_j<1} q_{ij}(1-x_j)=-\lambda_n(\overline{Q})(1-x_2)=6\times(1-0.7167)=1.6998>0$。

所以由上一个定理的证明,在本例中条件 $2(2Y-I)\overline{Q}_\mu(y-x)$ 不可能对 $y=(0,1)^T$ 成立。

当松弛问题$(\overline{C}_\mu)$的最优解 $x\in\{0,1\}^n$ 时,定理 2.2.9 可以被用来考察 $x$ 是否是问题$(D)$的全局最优解。将这个结果进一步引申,我们得到了下面的定理。

**定理 4.2.3** 设 $\mu=-\lambda_n(\overline{Q})$,考虑问题$(D)$和$(\overline{C}_\mu)$。若问题$(\overline{C}_\mu)$的最优解 $x\in\{0,1\}^n$,那么 $x$ 一定是问题$(D)$的全局最优解。并且
对 $x_i=0$,

$$\sum_{j=1,\ j\neq i,\ x_j=1}^{n} q_{ij}+\frac{1}{2}q_{ii}+b_{ii}+\frac{1}{2}\lambda_n(\overline{Q})\geqslant 0$$

对 $x_i=1$,

$$\sum_{j=1,\ j\neq i,\ x_j=1}^{n} q_{ij}+\frac{1}{2}q_{ii}+b_{ii}-\frac{1}{2}\lambda_n(\overline{Q})\leqslant 0$$

**证明:** 当 $\mu=-\lambda_n(\overline{Q})$ 时,如果问题$(\overline{C}_\mu)$的最优解 $x\in\{0,1\}^n$,

则由 $y=x$ 可得 $2(2Y-I)\overline{Q}_\mu(y-x)=0\leqslant-\lambda_n(\overline{Q}_\mu)e$，所以由定理 2.2.10，$x$ 是问题$(\overline{D}_\mu)$的全局最优解，因而也是问题$(D)$的全局最优解。又根据定理 2.2.9，$x$ 同时是问题$(\overline{C}_\mu)$和$(\overline{D}_\mu)$的全局最优解当且仅当 $(2X-I)(\overline{Q}_\mu x+\bar{b}_\mu)\leqslant 0$。这个不等式等价于

$$(2X-I)((\overline{Q}-\lambda_n(\overline{Q})I)x+\frac{1}{2}q+b+\frac{1}{2}\lambda_n(\overline{Q})e)\leqslant 0$$

此式即为，对任意的 $i=1,\cdots,n$，

$$(2x_i-1)\Big(-\lambda_n(\overline{Q})x_i+\sum_{j=1,\,j\neq i}^{n}q_{ij}x_j+\frac{1}{2}q_{ii}+b_{ii}+\frac{1}{2}\lambda_n(\overline{Q})\Big)\leqslant 0 \tag{4.2.3}$$

当 $x_i=0$ 时，不等式(4.2.3)可化为

$$\sum_{j=1,\,j\neq i,\,x_j=1}^{n}q_{ij}+\frac{1}{2}q_{ii}+b_{ii}+\frac{1}{2}\lambda_n(\overline{Q})\geqslant 0$$

当 $x_i=1$ 时，不等式(4.2.3)可化为

$$\sum_{j=1,\,j\neq i,\,x_j=1}^{n}q_{ij}+\frac{1}{2}q_{ii}+b_{ii}-\frac{1}{2}\lambda_n(\overline{Q})\leqslant 0$$

所以本定理成立，证毕。

**例 4.2.5** 考虑问题

$$\begin{aligned}\min f(x)&=100(x_2-x_1)^2+(1-x_1)^2\\&=101x_1^2+100x_2^2-200x_1x_2-2x_1+1\\ s.t.\ & x_i\in\{0,1\},\quad i=1,2\end{aligned}$$

此例中，$Q=\begin{pmatrix}101&-100\\-100&100\end{pmatrix}$，$b=\begin{pmatrix}-2\\0\end{pmatrix}$，$\lambda_n(\overline{Q})=-100$。令 $\mu=100$，则松弛问题$(C_\mu)$的最优解是 $x=(1,1)^T$。由上一个定理可知，

$x=(1,1)^T$ 是本例 0－1 问题的全局最优解。

对 $i=1$，

$$\sum_{j=1,\ j\neq i,\ x_j=1}^{n} q_{ij}+\frac{1}{2}q_{ii}+b_{ii}-\frac{1}{2}\lambda_n(\overline{Q})=q_{12}+\frac{1}{2}q_{11}+b_{11}-\frac{1}{2}\lambda_n(\overline{Q})$$

$$=-1.5<0$$

对 $i=2$，

$$\sum_{j=1,\ j\neq i,\ x_j=1}^{n} q_{ij}+\frac{1}{2}q_{ii}+b_{ii}-\frac{1}{2}\lambda_n(\overline{Q})=q_{21}+\frac{1}{2}q_{22}+b_{22}-\frac{1}{2}\lambda_n(\overline{Q})$$

$$=0$$

所以上述定理的结论成立。

**例 4.2.6** 考虑问题

$$\begin{aligned}\min f(x)&=2(x_2-x_1)^2-(1-x_1)^2\\&=x_1^2+2x_2^2-4x_1x_2+2x_1-1\\ s.t.\ \ &x_i\in\{0,1\},\quad i=1,2\end{aligned}$$

在这个例子中，$Q=\begin{pmatrix}1 & -2\\ -2 & 2\end{pmatrix}$，$b=\begin{pmatrix}2\\0\end{pmatrix}$，$\lambda_n(\overline{Q})=-2$。令 $\mu=2$，则松弛问题$(C_\mu)$的最优解为 $x=(0,0)^T$。并且 $x=(0,0)^T$ 是这个 0－1问题的全局最优解。

对 $i=1$，

$$\sum_{j=1,\ j\neq i,\ x_j=1}^{n} q_{ij}+\frac{1}{2}q_{ii}+b_{ii}+\frac{1}{2}\lambda_n(\overline{Q})=\frac{1}{2}q_{11}+b_{11}+\frac{1}{2}\lambda_n(\overline{Q})$$

$$=1.5>0$$

对 $i=2$，

$$\sum_{j=1,\ j\neq i,\ x_j=1}^{n} q_{ij}+\frac{1}{2}q_{ii}+b_{ii}+\frac{1}{2}\lambda_n(\overline{Q})=\frac{1}{2}q_{22}+b_{22}+\frac{1}{2}\lambda_n(\overline{Q})=0$$

所以,上述定理结论成立。

## §4.3 充分条件之间的关系

上一节所提出的算法,在某种程度上,与取“最接近点”的想法有关。在本章的引言部分,我们已经提出了这样的问题:在什么情况下,条件 $2(2Y-I)Q(y-x)\leqslant\lambda_n(Q)e$ 将会成立?而取“最接近点”的方法又何时能够成功?本节的主要任务就是要在理论上对这些问题进行探讨。

我们讨论的对象仍然是 0-1 二次规划问题(D)。与上一节不同,对于 $\mu\geqslant-\lambda_n(Q)$,我们令 $Q_\mu=Q+\mu I$,$b_\mu=b-\frac{1}{2}\mu e$,$q_\mu(x)=\frac{1}{2}x^TQ_\mu x+b_\mu^T x$。显然,$q_\mu(x)$是一个凸函数。同样,当 $x\in\{0,1\}^n$ 时,有 $x^T(x-e)=0$ 以及 $q_\mu(x)=q(x)$。所以问题(D)与下面所给出的 0-1 二次问题($D_\mu$)也是等价的。

$$(D_\mu)\qquad \min q_\mu(x)=\frac{1}{2}x^T(Q+\mu I)x+\left(b-\frac{1}{2}\mu e\right)^T x$$

$$s.t.\ \ x\in\{0,1\}^n$$

而与问题($D_\mu$)相应的松弛问题是

$$(C_\mu)\qquad \min q_\mu(x)=\frac{1}{2}x^TQ_\mu x+b_\mu^T x$$

$$s.t.\ \ (2x_i-1)^2\leqslant 1,\ i=1,\cdots,n$$

当 $Q_\mu$ 是半正定矩阵时,由于 $x\in\{0,1\}^n$,($D_\mu$)仍然是一个非凸的二次规划问题。但是其相应的松弛问题($C_\mu$)是一个凸的二次规划问题。为了后面讨论的方便起见,我们先给出如下的定义。

**定义 4.3.1** 设问题($D_\mu$)中的系数矩阵 $Q_\mu$ 是一个半正定的矩阵。设 $x$ 是其相应的松弛问题($C_\mu$)的最优解。对于 $i=1,\cdots,n$,当

$0 \leqslant x_i < \frac{1}{2}$时，定义$y_i = 0$；当$\frac{1}{2} < x_i \leqslant 1$时，定义$y_i = 1$。将如此定义的$y \in \{0, 1\}^n$称为相应于$x$的0-1解。

**注 4.3.1** 在上面的定义中，我们假设不存在任何$x$的分量，使$x_i = \frac{1}{2}$。如果对某些$i$，$x_i = \frac{1}{2}$，我们将在下一节中讨论这种情况。

显然，$y$对问题$(D)$和$(D_\mu)$是可行的。至于$y$是否是问题$(D)$和$(D_\mu)$的全局最优解，我们可以分别就问题$(D)$和$(D_\mu)$运用第二章中的最优性条件加以判定。然而，进一步的研究发现，这两个问题的最优性条件之间存在着某种联系。

**定理 4.3.1** 考虑问题$(D)$，$(D_\mu)$和$(C_\mu)$。设$y \in \{0, 1\}^n$是问题$(D)$和$(D_\mu)$可行点。$Y$是以$y$的第$i$个元素$y_i$为对角线元素的对角矩阵。对于$y$是否是问题$(D)$和$(D_\mu)$的全局最优解，下面两个充分条件是等价的：

$$(SC1) \qquad 2(2Y - I)(Qy + b) \leqslant \lambda_n(Q)e$$

与

$$(SC2) \qquad 2(2Y - I)(Q_\mu y + b_\mu) \leqslant \lambda_n(Q_\mu)e$$

下面两个必要条件也是等价的：

$$(NC1) \qquad 2(2Y - I)(Qy + b) \leqslant \mathrm{Diag}(Q)e$$

与

$$(NC2) \qquad 2(2Y - I)(Q_\mu y + b_\mu) \leqslant \mathrm{Diag}(Q_\mu)e$$

**证明：** 因为$\lambda_n(Q_\mu) = \lambda_n(Q) + \mu$，$\mathrm{Diag}(Q_\mu)e = \mathrm{Diag}(Q)e + \mu e$，以及$(2Y - I)^2 = I$，所以

$$\begin{aligned} & 2(2Y - I)(Q_\mu y + b_\mu) \\ &= 2(2Y - I)\left(Qy + \mu y + b - \frac{1}{2}\mu e\right) \end{aligned}$$

$$= 2(2Y-I)(Qy+b)+2\mu(2Y-I)\left(y-\frac{1}{2}e\right)$$

$$= 2(2Y-I)(Qy+b)+\mu(2Y-I)(2Y-I)e$$

$$= 2(2Y-I)(Qy+b)+\mu e$$

由此可得两个充分条件之间和两个必要条件之间的等价性。证毕。

**定理 4.3.2** 设 $-\lambda_n(Q)\leqslant\mu<+\infty$。考虑问题$(D)$、$(D_\mu)$和$(C_\mu)$。若 $x$ 是连续问题$(C_\mu)$的最优解，$y$ 是其相应的 0-1 解，则 $2(2Y-I)(Q_\mu y+b_\mu)\leqslant 2(2Y-I)Q_\mu(y-x)$。

**证明：** 当 $Q_\mu$ 是半正定矩阵时，$(C_\mu)$是一个凸的二次规划问题。由于 Slater 条件成立，所以 $x$ 是问题$(C_\mu)$的最优解当且仅当 K-K-T 条件成立。而$(C_\mu)$的 Lagrangian 函数为

$$L(x,u)=q_\mu(x)+\sum_{i=1}^{n}\frac{u_i}{2}((2x_i-1)^2-1)$$

$$=q_\mu(x)+\frac{1}{2}(2x-e)^TU(2x-e)-\frac{1}{2}e^Tu,$$

其中，$U=\mathrm{diag}(u)$。因此，存在 $u=(u_1,\cdots,u_n)^T\geqslant 0$ 使得

$$Q_\mu x+2U(2x-e)+b_\mu=0,$$

$$(2x_i-1)^2\leqslant 1,\ u_i((2x_i-1)^2-1)=0,\ i=1,\cdots,n$$

令 $\delta=y-x$，其相应的对角矩阵为 $\Delta=\mathrm{diag}(\delta)$。因为 $Uy=Yu$，故

$$2(2Y-I)(Q_\mu y+b_\mu)$$

$$=2(2Y-I)(Q_\mu y-(Q_\mu x+2U(2x-e)))$$

$$=2(2Y-I)(Q_\mu\delta-4Ux+2Ue)$$

$$=2(2Y-I)(Q_\mu\delta-4U(y-\delta)+2Ue)$$

$$=2(2Y-I)(Q_\mu\delta-2(2Y-I)u+4U\delta)$$

$$= 2(2Y - I)Q_\mu\delta - 4u + 8\Delta U(2y - e), \quad ((2Y - I)^2 = I)$$

对于任意的 $i = 1, \cdots, n$,若 $\delta_i = 0$,则 $u_i\delta_i = 0$。若 $\delta_i = y_i - x_i \neq 0$,则$(2x_i - 1)^2 < 1$,又有 $u_i = 0$。所以 $u_i\delta_i = 0$ 对所有的 $i = 1, \cdots, n$ 成立。于是就有 $U\Delta = 0$。注意到 $u \geqslant 0$, 我们就有

$$\begin{aligned} 2(2Y - I)(Q_\mu y + b_\mu) &= 2(2Y - I)Q_\mu\delta - 4u \\ &= 2(2Y - I)Q_\mu(y - x) - 4u \\ &\leqslant 2(2Y - I)Q_\mu(y - x) \end{aligned}$$

证毕。

由上面的两个定理以及第二章中的相应的结论,我们可以得到下面一系列的推论。

**推论 4.3.1** 设 $-\lambda_n(Q) \leqslant \mu < +\infty$。考虑问题$(D)$、$(D_\mu)$和$(C_\mu)$。设 $x$ 是$(C_\mu)$的最优解, $y$ 是其相应的 0-1 解。如果条件

$$(SC3) \qquad 2(2Y - I)Q_\mu(y - x) \leqslant \lambda_n(Q_\mu)e$$

成立,则条件$(SC1)$和$(SC2)$成立。于是 $y$ 是问题$(D_\mu)$和$(D)$的全局最优解。反之,若条件$(SC1)$不成立,则条件$(SC2)$和$(SC3)$也不可能成立。

如果问题$(C_\mu)$的最优解 $x \in \{0, 1\}^n$,那么其相应的 0-1 解 $y = x$,而由于问题$(C_\mu)$是一个凸问题, $x$ 更是问题$(C_\mu)$的全局最优解。那么 $y = x$ 自然就是问题$(D_\mu)$和$(D)$的全局最优解了。不仅如此,由于 $2(2Y - I)Q_\mu(y - x) = 0 \leqslant \lambda_n(Q_\mu)e$, 所以充分条件$(SC3)$也成立,于是就有了下面的推论。

**推论 4.3.2** 对问题$(D)$、$(D_\mu)$和$(C_\mu)$而言,如果存在$-\lambda_n(Q) \leqslant \mu < +\infty$, 使得问题 $(C_\mu)$的最优解 $x \in \{0, 1\}^n$,则 $x = y$ 是问题$(D)$的全局最优解。并且充分条件 $(SC1)$、$(SC2)$、$(SC3)$ 都成立。

**推论 4.3.3** 设 $-\lambda_n(Q) \leqslant \mu < +\infty$。考虑问题$(D)$、$(D_\mu)$和$(C_\mu)$。设 $x$ 是$(C_\mu)$的最优解, $y$ 是其相应的 0-1 解。如果问题$(C_\mu)$

的最优解 $0 < x < e$,那么 $2(2Y-I)(Q_\mu y+b_\mu)=2(2Y-I)Q_\mu(y-x)$。此时,充分条件(SC1)、(SC2)和(SC3)都是等价的。

**证明**: 由定理4.3.2的证明可知,$2(2Y-I)(Q_\mu y+b_\mu)=2(2Y-I)Q_\mu(y-x)-4u\leqslant 2(2Y-I)Q_\mu(y-x)$,其中 $u$ 是 Lagrangian 乘子,满足对所有的 $i=1,\cdots,n$,$u_i((2x_i-1)^2-1)=0$。$0<x<e$ 意味着对所有的 $1\leqslant i\leqslant n$,$x_i(x_i-1)\neq 0$。于是由互补条件,$u_i=0$。这样,$u=0$,$2(2Y-I)(Q_\mu y+b_\mu)=2(2Y-I)Q_\mu(y-x)$。所以由定理4.3.1,本推论得证。

**推论 4.3.4** 设 $-\lambda_n(Q)\leqslant \mu<+\infty$。考虑问题$(D)$、$(D_\mu)$和$(C_\mu)$。设 $x$ 是$(C_\mu)$的最优解,$y$ 是其相应的 0-1 解。如果存在 $i_0$,使得 $x_{i_0}(x_{i_0}-1)\neq 0$,但向量 $2(2Y-I)Q_\mu(y-x)$ 的第 $i_0$ 个元素大于等于 $\lambda_n(Q_\mu)$,那么充分条件(SC3)和(SC2)不能够对这个 $\mu$ 成立。于是充分条件(SC1)也不能成立。

**证明**: 由推论4.3.3的证明可知,如果存在 $i_0$ 使得 $x_{i_0}(x_{i_0}-1)\neq 0$,则相应的对偶变量 $u_{i_0}=0$。于是向量 $2(2Y-I)(Q_\mu y+b_\mu)$ 和向量 $2(2Y-I)Q_\mu(y-x)$ 的第 $i_0$ 个元素相等。如果这个元素大于 $\lambda_n(Q_\mu)$,那么(SC3)和(SC2)都不能对这个 $\mu$ 成立。由定理4.3.1,充分条件(SC1)也不可能成立。证毕。

**例 4.3.1** 设问题$(D)$中的 $Q=\begin{pmatrix}10 & -2\\ -2 & -5\end{pmatrix}$,$b=\begin{pmatrix}-0.6\\ 1.2\end{pmatrix}$。在此,$\lambda_n(Q)=-5.2621$。令 $\mu=5.3$,则 $\lambda_n(Q_\mu)=0.0375$。问题$(C_\mu)$的最优解是 $x=(0.3431,\ 1)^T$。令 $y=(0,\ 1)^T$。容易算出 $2(2Y-I)Q_\mu(y-x)=(10.5,\ 1.3725)^T$。而 $x_1\neq y_1$,但 $2(2Y-I)Q_\mu(y-x)$ 的第1个分量 $10.5>0.0375$。所以在本例中,充分条件(SC1)不能对 $y=(0,\ 1)^T$ 成立。

上面的定理和推论表明充分条件(SC1)和(SC3)之间存在着某种联系。下一个定理则更明确了它们之间的关系。这个定理也为我们解 0-1 二次规划问题提供了一个寻求其最优解的途径。我们可以由其相应的松弛问题的解来得到 0-1 问题的解。

**定理 4.3.3** 设 $-\lambda_n(Q) \leqslant \mu < +\infty$。考虑问题($D$)、($D_\mu$)和($C_\mu$)。若 $x$ 是连续问题($C_\mu$)的最优解，$y$ 是其相应的 0-1 解，设对所有的 $i \in \{1, \cdots, n\}$，$x_i$ 都不等于 0.5。令

$$\mu_0 = \max_{1 \leqslant i \leqslant n} \frac{2(2y_i - 1)\left[\sum_{j=1}^{n} q_{ij}(y_j - x_j)\right] - \lambda_n(Q)}{1 - 2|y_i - x_i|} \tag{4.3.1}$$

则充分条件($SC3$)成立当且仅当 $\mu \geqslant \max\{\mu_0, -\lambda_n(Q)\}$ 以及条件($SC1$)成立。

**证明**：设 $x$ 是问题($C_\mu$)的最优解，$y$ 是相应的 0-1 解。若 $0 \leqslant x_i < \frac{1}{2}$，则 $y_i = 0$, $y_i - x_i \leqslant 0$, $2y_i - 1 = -1$，故 $(2y_i - 1)(y_i - x_i) = |y_i - x_i|$。若 $\frac{1}{2} < x_i \leqslant 1$, $y_i = 1$，也有 $(2y_i - 1)(y_i - x_i) = |y_i - x_i|$。于是

$$\begin{aligned}
&2(2Y - I)Q_\mu(y - x) - \lambda_n(Q_\mu)e \\
&= 2(2Y - I)(Q + \mu I)(y - x) - \lambda_n(Q + \mu I)e \\
&= 2(2Y - I)Q(y - x) + 2\mu(2Y - I)(y - x) - \lambda_n(Q)e - \mu e \\
&= 2(2Y - I)Q(y - x) - \lambda_n(Q)e - \mu(e - 2|y - x|)
\end{aligned}$$

这样，充分条件($SC3$)成立当且仅当

$$2(2Y - I)Q(y - x) - \lambda_n(Q)e - \mu(e - 2|y - x|) \leqslant 0 \tag{4.3.2}$$

由于向量 $2(2Y - I)Q(y - x)$ 的第 $i$ 个元素是 $2(2y_i - 1)\left[\sum_{j=1}^{n} q_{ij}(y_j - x_j)\right]$，所以不等式(4.3.2)成立当且仅当

$$2(2y_i-1)\left[\sum_{j=1}^{n}q_{ij}(y_j-x_j)\right]-\lambda_n(Q)-\mu(1-2\mid y_i-x_i\mid)\leqslant 0 \tag{4.3.3}$$

对所有的 $1\leqslant i\leqslant n$ 成立。因为 $1-2\mid y_i-x_i\mid>0$，所以当 $\mu\geqslant\max\{\mu_0,-\lambda_n(Q)\}\geqslant\mu_0$ 时，(4.3.2)、(4.3.3)能够成立。再由推论4.3.1，若(SC3)要成立，条件(SC1)必须成立。因而我们证得了当(SC1)成立，且 $\mu\geqslant\max\{\mu_0,-\lambda_n(Q)\}$ 时，(SC3)一定成立。反之，如果(SC3)成立，则(4.3.2)、(4.3.3)都成立。于是一定有 $\mu\geqslant-\lambda_n(Q)$。由推论4.3.1可知，(SC1)也成立。证毕。

**例4.3.2** 设问题(D)中的 $Q=\begin{pmatrix}-12 & 0 & -7\\ 0 & -2 & 1\\ -7 & 1 & 30\end{pmatrix}$，$b=\begin{pmatrix}7\\ -5\\ 6\end{pmatrix}$。这里，$\lambda_n(Q)=-13.1383$。

(1) 若取 $\mu=13.1383=-\lambda_n(Q)$，则问题($C_\mu$)的最优解是 $x=(0,1,0)^T$。由推论4.3.2，$x=(0,1,0)^T$ 是原问题(D)的全局最优解。

(2) 若取 $\mu=15>-\lambda_n(Q)$，则问题($C_\mu$)的最优解是 $x=(0.3058,0.9570,0.0596)^T$。相应的0-1解也是 $y=(0,1,0)^T$。我们已经由(1)知道它是问题(D)的全局最优解。现在我们来检验定理4.3.2是否成立。可以算出，

$$2(2Y-I)Q(y-x)=(-8.1749,-0.2915,-0.7892)^T$$

由(4.3.1)式可得 $\mu_0=\max\{12.779,14.0566,14.0203\}=14.0566$。而我们取得 $\mu=15>\mu_0$，所以由定理4.3.3，$y$ 应当满足充分条件(SC3)。事实上，$2(2Y-I)Q_\mu(y-x)=(1,1,1)^T$，$\lambda_n(Q_\mu)=1.8617$，充分条件(SC3)确实是成立的。另外，也可以算得 $2(2Y-I)(Qy+b)=-14e<\lambda_n(Q)e$，所以(SC1)也是成立的。

(3) 若取 $\mu=0<-\lambda_n(Q)$，那么松弛问题就是 $\min\left\{\frac{1}{2}x^TQx+\right.$

$b^T x: 0 \leqslant x_1, x_2, x_3 \leqslant 1\}$。这个问题的最优解是 $x^* = (1, 1, 0)^T$。但是由于 $2(2X^* - I)(Qx^* + b) = (-10, -14, 0)^T$，它不大于等于 $\mathrm{Diag}(Q)e$。所以定理 2.2.7 中的必要条件对于点 $(1, 1, 0)^T$ 不成立。这清楚地表明，$\mu \geqslant -\lambda_n(Q)$ 是不可少的，即 $Q_\mu$ 必须是正定的。

## §4.4 对算法的进一步讨论

根据上一节的讨论，我们将在这一节对无约束的 0－1 二次规划问题的算法作进一步的讨论。对于问题($D$)，除了在第二节我们所给出的两个算法以外，下面的算法也是可实现的。

**算法 4**

步 1 计算 $Q$ 的最小特征值，令 $\mu := -\lambda_n(Q)$。

步 2 解连续的二次规划问题($C_\mu$)，记它的最优解为 $x$。

步 3 若 $x \in \{0, 1\}^n$，则 $x$ 就是问题($D$)的全局最优解。算法终止。否则，转步 4。

步 4 若存在 $i_0 \in \{1, \cdots, n\}$，使得 $x_{i_0} = \frac{1}{2}$，算法终止。否则，转步 5。

步 5 对 $i = 1, \cdots, n$，若 $0 \leqslant x_i < \frac{1}{2}$，令 $y_i = 0$。若 $\frac{1}{2} < x_i \leqslant 1$，$y_i = 1$。

步6 对 $i = 1, \cdots, n$，令 $\mu_i = \dfrac{2(2y_i - 1)\left[\sum_{j=1}^{n} q_{ij}(y_j - x_j)\right] - \lambda_n(Q)}{1 - 2|y_i - x_i|}$，令 $\mu_0 = \max\{\mu_1, \cdots, \mu_n\}$。

步 7 若 $\mu \geqslant \mu_0$，则 $y$ 是原问题($D$)的全局最优解。算法终止。否则，转步 8。

步 8 若 $0 < x < e$，转步 9。

若存在 $i_0$，使得 $x_{i_0} \in (0, 1)$，但 $\mu < \mu_{i_0}$，转步 9。

否则，令 $\mu=\mu_0$，转步 2。

步 9　若 $2(2Y-I)(Qy+b)\leqslant \mathrm{Diag}(Q)e$，则 $y$ 满足必要条件，$y$ 可能是原问题 $(D)$ 的全局最优解。算法终止。

否则，$y$ 不是问题 $(D)$ 的全局最优解。算法终止。

下面，我们对这个算法作若干解释和说明。

在步 1，我们首先令 $\mu:=-\lambda_n(Q)$。而定理 4.3.3 中要求的是 $\mu\geqslant \max\{\mu_0, -\lambda_n(Q)\}$。但是，由于 $\mu_0$ 与 $x$ 有关，而 $x$ 在第一步中还是未知的，所以我们只能从 $\mu:=-\lambda_n(Q)$ 开始。步 3 中判定 $x$ 是问题 $(D)$ 的最优解的依据是推论 4.3.2。步 4 中的情况将在本节的稍后讨论。

如果要从步 8 转到步 9，那么此时步 8 中的讨论已经清楚地表明，充分条件 $(SC1)$ 对于当前的 $y$ 不能成立。这个判断准则的依据是推论 4.3.3 和 4.3.4。而根据推论 4.3.1，此时无论 $\mu$ 为多大，$(SC3)$ 都不能成立。但不能排除在实际中，存在着这样的可能性：对于不同的 $\mu$，我们可能得到不同的 $y$。所以，我们在步 9 中将 $\mu$ 增大。然而在此以前，如果我们在步 8 中发现充分条件 $(SC1)$ 对于当前的 $y$ 不成立，我们将不再增大 $\mu$，转而检验必要条件。这是因为当 $\mu$ 越来越大时，$Q_\mu$ 必将会趋向于 $\mu I$。于是，问题 $(C_\mu)$ 的最优解 $x$ 必将会趋向于 $(0.5, 0.5, \cdots, 0.5)^T$。这样，即使继续增大 $\mu$，得到不同的 $y$ 的机会是很小的。当 $\mu$ 变大时，如果得到的 $y$ 相同，即使 $x$ 不同，对于原问题 $(D)$ 来说还是没有进展。所以为了提高算法的效率，我们选择不再继续增大 $\mu$，而仅仅是验证必要条件。

当 $\mu$ 越来越大时，满足 $x_i(x_i-1)\neq 0$ 的指标必然会越来越多，因为 $x$ 会趋向于 $(0.5, 0.5, \cdots, 0.5)^T$。所以我们很容易按照步 8 的两个准则来决定是否马上转到步 9。这样，就一定能在有限步之内停止计算。

**例 4.4.1**　设问题 $(D)$ 中的 $Q=\begin{pmatrix}-1 & 5\\ 5 & 2\end{pmatrix}$，$b=\begin{pmatrix}-2.63\\ -4.37\end{pmatrix}$。可以算出 $\lambda_n(Q)=-4.7202$。令 $\mu=4.7202$，则问题 $(C_\mu)$ 的最优解是 $x=(0, 1)^T$。它就是原 0-1 二次问题 $(D)$ 的全局最优解。

**例 4.4.2** 设问题(*D*)中的 $Q=\begin{pmatrix}1 & 6\\ 6 & -5\end{pmatrix}$, $b=\begin{pmatrix}-0.6\\ 1.2\end{pmatrix}$。可以算出 $\lambda_n(Q)=-8.7082$。令 $\mu=8.7082$,则连续问题($C_\mu$)的最优解是 $x=(0, 0.8506)^T$。令 $y=(0, 1)^T$,进一步算出 $\mu_1=6.9151$, $\mu_2=10.2887$。因为 $x_2=0.8506\in(0, 1)$,而 $\mu_2>\mu$,我们可以知道充分条件(*SC*1)不能对 $y=(0, 1)^T$ 成立。所以我们检验必要条件。因为 $2(2Y-I)(Qy+b)=(-10.8, -7.6)\leqslant(1, -5)^T=\mathrm{Diag}(Q)e$,必要条件成立。故 $y$ 可能是原问题(*D*)的全局最优解。事实上,对这个简单的二维问题,通过计算各个可行点的函数值,可以验证 $y$ 就是它的全局最优解。

上述的算法 4 是在充分条件(*SC*3)的基础上得到的。但是,如果充分条件(*SC*1)不被满足,(*SC*3)将不会成立。所以,这种取"最接近点"的方法只能对某些 0-1 二次规划问题有效。这类问题的共同特点是它们的全局最优解都满足充分条件(*SC*1)。必须注意到(*SC*1)和(*SC*3)都是充分条件。所以我们在算法 4 的第 9 步中检验必要条件 $2(2Y-I)(Qy+b)\leqslant\mathrm{Diag}(Q)e$。这样,尽管有可能把不是全局最优的点包括在内,但是不会遗漏那些全局最优解。

我们在第二章中,给出了一些无约束的 0-1 二次规划的最优性条件。这些条件在此可以被用来判定 $y$ 是否是原问题(*D*)的全局最优解。尤其是第二章第五节中给出的那些必要条件。由于有了多个必要条件,只要其中之一不能被满足,那么就可以将该点排除在全局最优解集之外。我们在此不再一一列举如何检验这些条件。

现在,我们考虑如何处理 $x_i=0.5$ 的情形。在定义 4.3.1、定理 4.3.3 以及相应的算法中,我们都假定不存在某一个 $i\in\{1, \cdots, n\}$,使得 $x_i=0.5$。当 $\mu$ 变大时,$x$ 将会趋向于 $(0.5, 0.5, \cdots, 0.5)^T$。所以对某一个充分大的 $\mu$,存在某个 $x_i=0.5$ 是必然的。然而,一般而言,在这种情况出现以前,我们有很多机会停止增大 $\mu$。所以,无需再对这种情况进行讨论。我们在此主要讨论当 $\mu$ 不是很大时,例如 $\mu=-\lambda_n(Q)$ 时,存在某个 $x_i=0.5$ 的情形。如果出现这种情况,我们该如何由松弛问题的最优解 $x$ 去适当地确定相应的 0-1 解 $y$。

如果存在某些指标 $i$ 使得 $x_i = 0.5$，记集合 $A_\mu = \{i: 1 \leqslant i \leqslant n, x_i = 0.5\}$，和 $B_\mu = \{1, \cdots, n\} \backslash A_\mu$。对于那些属于 $B_\mu$ 的指标 $i \in B_\mu$，就采用定义 4.3.1 中的方式定义相应的 $y_i$。对于那些属于 $A_\mu$ 的指标 $i \in A_\mu$，首先我们应当注意到如果定义 $y_i = 1$ 或者定义 $y_i = 0$，可以得到不同的 $y$，这些 $y$ 都有可能成为原 0-1 二次问题的最优解。例如，对于问题 $\{\min q(x) = 2(x_1 - 0.5)^2 + 3(x_2 - 0.3)^2,\ s.t.\ x \in \{0, 1\}^2\}$，$Q$ 是一个正定矩阵。其相应的松弛问题的最优解是 $x = (0.5, 0.3)^T$。但实际上，取 $y_1 = 1$ 或取 $y_1 = 0$，得到的 $y = (0, 0)^T$ 和 $y = (1, 0)^T$ 都是原问题的最优解。

如何由 $x$ 适当地确定相应的 0-1 解 $y$，有两个途径。其一是，对于不同的 $y_i$ 得到的不同的 $y$，分别计算 $2(2Y-I)(Qy+b)$ 的值，然后直接用充分条件 $2(2Y-I)(Qy+b) \leqslant \lambda_n(Q)e$ 和必要条件 $2(2Y-I)(Qy+b) \leqslant \mathrm{Diag}(Q)e$ 作检验。

另一个途径是利用定理 4.3.3 的证明过程中出现的不等式 (4.3.3)。在定理 4.3.3 的证明过程中，充分条件(SC3)成立当且仅当不等式(4.3.3)对所有的 $1 \leqslant i \leqslant n$ 都成立。这里，先只考虑那些使 $x_i = 0.5$ 的指标 $i$，即 $i \in A_\mu$，是否能够令 $y_i = 0$ 或 $y_i = 1$ 而使 (4.3.3)成立。应当注意，只要有一个 $i \in A_\mu$，不等式(4.3.3)不成立，那么(4.3.3)就不会对所有的 $1 \leqslant i \leqslant n$ 都成立，充分条件(SC3)也就不能成立。

对于 $i \in A_\mu$，由于 $1 - 2 \mid y_i - x_i \mid = 0$，显然如果 $\left[2(2y_i - 1) \sum_{j=1}^{n} q_{ij}(y_j - x_j)\right] \leqslant -\lambda_n(Q)$，那么(4.3.3)就对任意的 $-\lambda_n(Q) \leqslant \mu < +\infty$ 成立。而

$$
\begin{aligned}
& 2(2y_i - 1) \sum_{j=1}^{n} q_{ij}(y_j - x_j) \\
= & 2(2y_i - 1)\Big[q_{ii}(y_i - x_i) + \sum_{j \neq i,\, j \in A_\mu} q_{ij}(y_j - x_j) +
\end{aligned}
$$

$$\sum_{j\in B_\mu} q_{ij}(y_j - x_j)\Big]$$

$$= q_{ii} + 2(2y_i - 1)\Big[\sum_{j\neq i,\ j\in A_\mu} q_{ij}(y_j - x_j) +$$

$$\sum_{j\in B_\mu} q_{ij}(y_j - x_j)\Big]$$

所以我们要选择适当的 $y_i$，$y_i = 0$ 或者 $y_i = 1$，使得对所有的 $i \in A_\mu$，不等式

$$2(2y_i - 1)\Big[\sum_{j\neq i,\ j\in A_\mu} q_{ij}(y_j - x_j) + \sum_{j\in B_\mu} q_{ij}(y_j - x_j)\Big] \leqslant \lambda_n(Q) - q_{ii}$$

能够成立。在此过程中，我们可以利用一些技巧。例如，$2y_i - 1 = \pm 1$，对于 $j \in B_\mu$，$x_j \neq 0.5$，且 $y_j$ 的值和 $\sum_{j\in B_\mu} q_{ij}(y_j - x_j)$ 的值是确定的，等等。

**例 4.4.3** 设问题($D$)中的 $Q = \begin{bmatrix} -32 & 7 & -9 \\ 21 & 6 & 8 \\ 76 & 2 & -2 \\ -98 & -2 & 5 \end{bmatrix}$，$b = \begin{bmatrix} 4.6 \\ -8.1 \\ -4.7 \\ -4.8 \end{bmatrix}$。

而 $\lambda_n(Q) = -12.0822$。令 $\mu = 13$，取 $x = (0.5, 0.3, 0.5, 0.8)^T$，因为 $Q_\mu x + b_\mu = 0$，所以松弛问题($C_\mu$)的最优解是 $x = (0.5, 0.3, 0.5, 0.8)^T$。在此例中，$A_\mu = \{1, 3\}$，$B_\mu = \{2, 4\}$。当 $i = 1$ 时，$\lambda_n(Q) - q_{ii} = -9.0822$，$2(2y_1 - 1)(q_{13}(y_3 - x_3) + q_{12}(y_2 - x_2) + q_{14}(y_4 - x_4)) = 2(2y_1 - 1)(7(y_3 - x_3) - 2.4)$。所以第一个应当成立的不等式为 $(2y_1 - 1)(7(y_3 - x_3) - 2.4) < -4.5411$。当 $i = 3$ 时，同理可得第二个应当成立的不等式为 $(2y_3 - 1)(7(y_1 - x_1) - 2.2) < -7.0411$。这两个不等式要同时成立，显然 $(2y_1 - 1)$ 和 $(y_3 - x_3)$ 的符号应当相反。所以只能取 $y_1 = 0$，$y_3 = 1$，或 $y_3 = 0$，$y_1 = 1$。但是，当 $y_1 = 0$，$y_3 = 1$，或 $y_3 = 0$，$y_1 = 1$ 时，上面两个不等式不能同时成立。于是我们得知在本例中充分条件($SC3$)不成立。进一步，根据推论 4.3.4 的证

明，我们得知充分条件(SC1)在本例也不成立。

对这个例子，我们再来考虑另一个确定 $y$ 的方法。那就是对不同的 $y_1$ 和 $y_3$ 的取值，计算 $2(2Y-I)(Qy+b)$ 的值。由于 $x=(0.5, 0.3, 0.5, 0.8)^T$，$y$ 的可能取值为 $y^{(1)}=(0, 0, 0, 1)^T$，$y^{(2)}=(0, 0, 1, 1)^T$，$y^{(3)}=(1, 0, 0, 1)^T$，$y^{(4)}=(1, 0, 1, 1)^T$。记 $F(y)=2(2Y-I)(Qy+b)$，可算得 $F(y^{(1)})=(8.8, 0.2, 13.4, 0.4)^T$，$F(y^{(2)})=(-5.2, -11.8, -9.4, -3.6)^T$，$F(y^{(3)})=(-14.8, -3.8, -0.6, -17.6)^T$，$F(y^{(4)})=(-0.8, -15.8, 4.6, -21.6)^T$。可见对这 4 个 $y$，$F(y^{(k)})$，$k=1, \cdots, 4$，都不小于等于 $\lambda_n(Q)e$。所以充分条件(SC1)在本例不满足。

但是，$F(y^{(2)})$的值和 $F(y^{(3)})$的值是小于 $\mathrm{Diag}(Q)e$ 的。这表明必要条件对于点 $y^{(2)}$ 和 $y^{(3)}$ 成立，即这两个点有可能成为全局最优解。因为 $y^{(2)}$ 的目标函数值 $q(y^{(2)})=-8$，$y^{(3)}$ 的目标函数值 $q(y^{(3)})=-8.2$，所以 $y^{(3)}=(1, 0, 0, 1)^T$ 是本例的全局最优解。实际上，如果我们直接计算本例的 8 个可行点的目标函数值，可以发现，$q(y^{(3)})=-8.2$ 是最小的。而 $q(y^{(2)})=-8$ 仅比 $q(y^{(3)})$大，是 8 个函数值中第二小的。

由于对于凸的二次规划问题，目前有很多局部优化的方法可以得到其最优解。所以，我们在本章提出的方法是较为简便的。其主要步骤为通过最小特征值的计算，确定 $\mu$，然后再由相应的凸问题$(C_\mu)$的最优解 $x$，得到 0-1 问题的可行解 $y$。最后，确定 $y$ 是否为 0-1 二次规划问题的最优解。

这个方法可以推广到我们曾在本章第二节中讨论过的一般的二元取值的二次问题($D_{ac}$)。特别地，对于文献[7]中讨论的问题 $\{\min q(x), s.t.\ x\in\{-1, 1\}^n\}$，若 $x$ 是其相应的凸的松弛问题的在 $[-1, 1]^n$ 上的最优解，我们可以令 $y_i=-1$，当 $-1\leqslant x_i<0$ 时。令 $y_i=1$，当 $0<x_i\leqslant 1$ 时。若定理 2.2.1 中的充分条件 $XQXe+Xb\leqslant \lambda_n(Q)e$ 被满足时，这个算法将会成功。

# 第五章　无参数填充函数方法

对于一般的全局优化问题，全局优化的算法研究始终是人们关注的问题。在第一章我们已经对其中的一些作了介绍。在关于全局优化的确定性算法的研究中，有一类算法的基本思想是构造一个辅助函数，这个辅助函数可以用来帮助寻找目标函数的更好的极小点。填充函数和打洞函数就是其中的两种较有代表性的算法。在本章，我们将对一般的全局优化问题的填充函数方法做一些讨论。我们将给出新的无参数的填充函数。它对非线性的全局优化问题是有效的解决方法，包括整变量问题和连续变量问题。

## §5.1　引言

填充函数的概念首先由西安交大的葛人溥教授于 1990 年给出。在文献[19]中，他首次给出了填充函数的定义，并且给出了如下的填充函数：

$$P(x,\ x^*,\gamma,\rho)=\frac{1}{\gamma+f(x)}\exp\left(-\frac{\|x-x^*\|^2}{\rho}\right)$$

理论上的推导和数值计算结果都显示填充函数方法对于解全局优化问题是有效的。但是，在文献[19]中，作者也指出这个填充函数也存在着某些缺陷。其中之一在于 $P(x,\ x^*,\gamma,\rho)$ 有两个参数 $\gamma$ 和 $\rho$，算法的效率与这两个参数有密切关系。但我们预先无法确定参数 $\gamma$ 和 $\rho$ 的值。因此，在实际的计算过程中，要花费很多的时间和内存来调节参数。为解决这个问题，一个途径是构造只含有一个参数或不含有参数的填充函数。此后，其他一些填充函数相继被构造出来，一般是带有一个或两个参数的。参见文献[20-22,54-56,90]等等。因此我们第一个主要任务是希望构造一个无参数的填充函数,以提高计算效率。

另外,用填充函数方法解决整变量的全局优化问题,这也是一个重要的研究方向。但目前对填充函数的研究,针对连续变量的较多。张连生、李端、朱文兴等将填充函数用于解非线性整数规划,建立了一个用填充函数直接求解非线性整数规划的近似算法。这为求解非线性整数规划提供了一个途径。参见文献[99,110]等。因此,我们的第二个任务是构造一个适用于整变量问题的无参数的填充函数。

在本章,对目标函数仅有强制性条件的要求。即当 $\| x \| \to +\infty$ 时 $f(x) \to +\infty$。在此条件下,我们可以将讨论的范围局限于一个大箱子 $B$。我们可以假定目标函数的全局极小 $x^*$ 在箱子的内部,即 $x^* \in \text{int}B$。

本章由五部分组成。第一节是引言。第二节我们针对整变量的非线性规划全局优化问题,给出一个无参数的填充函数方法。同样,对连续变量的全局优化问题,也可以用无参数的填充函数方法去解,这将在第三节中讨论。在讨论了无参数的填充函数的理论性质的基础上,在第四节,我们给出了相应的算法。针对此算法的算例,将在第五节中讨论。

本章的内容来自[94]。

## §5.2 整变量问题的填充函数方法

在本节,我们将讨论的变量都限制在整变量。考虑如下一般的整变量的全局优化问题:

$$(P_I) \qquad \min f(x)$$
$$s.t.\ x \in B_I$$

其中,$f(x): R^n \to R$, $B \subset R^n$ 是一个有界闭箱。$X_I$ 是 $B$ 的整点组成

的集合。对于整变量问题，我们先给出一些基本的定义。

**定义 5.2.1** 对于一个整点 $x$，$x$ 的离散领域定义为 $N_I(x)=\{x, x\pm e_i: i=1, \cdots, n\}$。$e_i$ 是 $R^n$ 的第 $i$ 个单位向量。$X_I$ 的离散意义下的内点集为 $\mathrm{int}X_I=\{x\in X_I: N_I(x)\subset X_I\}$。

**定义 5.2.2** 设 $g(x): R^n\to R$。若对所有的 $x\in X_I\cap N_I(x^*)$，$g(x^*)\leqslant g(x)(g(x^*)\geqslant g(x))$，则点 $x^*\in X_I$ 称为 $g(x)$ 在 $X_I$ 上的局部整极小(大)点。若 $g(x^*)\leqslant g(x)(g(x^*)\leqslant g(x))$ 对所有的 $x\in X_I$ 成立，则 $x^*$ 是 $g$ 在 $X_I$ 上的全局整极小(大)点。

为了适当地定义问题($P_I$)的填充函数，我们先回顾一下填充函数方法的主要思想。1990年，针对连续变量的全局优化问题，葛人溥首次提出了填充函数方法。设 $x^*$ 是 $f(x)$ 的局部极小点。在文献[19]中，葛定义的填充函数 $P(x)$ 具有如下性质：

(1) $x^*$ 是 $P(x)$ 的极大点。

(2) 在 $f(x)$ 的较高的盆谷上，$P(x)$ 没有极小点或鞍点。

(3) 若 $x_1^*$ 是具有更小目标函数值的 $f(x)$ 的极小点，则 $P(x)$ 在方向 $x_1^*-x^*$ 上存在极小点。

进一步，葛和秦在文献[20]中给出了全局凸的填充函数的定义。一个连续函数 $U(x)$ 是全局凸的填充函数，它必须满足以下性质：

(1) $U(x)$ 在集合 $S_1=\{x\mid f(x)\geqslant f(x^*), x\in B\}$ 上，除了预置的点 $x_0\in S_1$ 外，没有其他平稳点。

(2) $U(x)$ 在集合 $S_2=\{x\mid f(x)<f(x^*), x\in B\}$ 上有极小点。

(3) 当 $\|x\|\to+\infty$ 时，$U(x)\to+\infty$。

葛和秦给出的一类满足此定义的全局凸的填充函数为

$$U(x, x^*, A, h)=\eta(\|x-x_0\|)\varphi(A[f(x)-f(x^*)+h])$$

填充函数方法主要包含两个阶段：极小化目标函数 $f(x)$ 的阶段和极小化填充函数 $P(x)$ 的阶段。在得到 $f(x)$ 的一个极小点 $x_1^*$ 之后，可以通过极小化 $P(x)$ 来得到另一个更好的极小点 $x_2^*$。所谓更好,即 $f(x_2^*)<f(x_1^*)$。在通常意义下,$P(x)$的极小点 $y_1$ 满足 $f(y_1)<f(x_1^*)$。所以,由 $y_1$ 出发,再次极小化 $f(x)$,就能找到更好的极小点 $x_2^*$。这两个过程交替进行,直到找不到更好的 $f(x)$的局部极小点为止,则当前的 $f(x)$的局部极小点就是 $f(x)$的全局极小点。由此可见,极小化填充函数是为了找到新的起始点,这个新的起始点可以使接下来的极小化 $f(x)$的过程离开当前的盆谷,找到更好的极小点。通常极小化 $P(x)$比极小化 $f(x)$更困难,因为 $P(x)$一般是 $f(x)$的复合函数。而且由于不知道更低的盆谷在哪里,要在某个方向上找 $P(x)$的极小也非易事。所以,如果我们在极小化 $P(x)$的过程中,能找到点 $x_1$,满足 $f(x_1)<f(x_1^*)$,即使 $x_1$ 不是填充函数 $P(x)$的极小点,那也无关紧要。因为新的点 $x_1$ 可以作为极小化$f(x)$的新的起始点,由 $x_1$ 出发,可以找到比 $f(x_1^*)$的函数值更小的点。基于这个思想,对于整变量问题,我们给出如下的修正的填充函数的定义。

**定义 5.2.3** 设 $x^*\in X_I$ 是问题$(P_I)$的当前的局部极小点。一个函数 $P(x,x^*)$若满足以下性质,则称 $P(x,x^*)$为 $f(x)$在 $x^*$ 的填充函数:

(1) 若 $x^*$ 是 $f(x)$的当前的局部极小点,则 $x^*$ 是 $P(x,x^*)$的严格局部极大点。

(2) 对 $x\in X_I$, $x\neq x^*$,若 $f(x)\geqslant f(x^*)$ 且 $f(x+d_i)\geqslant f(x^*)$ 对所有 $d_i\in D=\{\pm e_i,\ i=1,\cdots,n\}$ 成立,则 $x$ 不是$P(x,x^*)$的局部极小点。

(3) 若 $x_1,x_2\neq x^*$,且 $\|x_1-x^*\|>\|x_2-x^*\|>0$, $f(x_1)$, $f(x_2)\geqslant f(x^*)$,则 $P(x_1,x^*)<P(x_2,x^*)$。

(4) 若 $x_1,x_2\neq x^*$,且 $\|x_1-x^*\|>\|x_2-x^*\|>0$, $f(x_2)\geqslant f(x^*)>f(x_1)$,则 $P(x_1,x^*)<P(x_2,x^*)$。

上述第三个性质表明,如果 $x_1$、$x_2$ 的函数值都不超过 $x^*$,但 $\|x_1-x^*\|>\|x_2-x^*\|>0$,那么极小化 $P(x,x^*)$的过程必须

继续进行。性质(4)表明,如果 $x_2$ 不是我们所希望的点,那么也要继续极小化填充函数,直到找到满足 $f(x_1) < f(x^*)$ 的 $x_1$ 为止。在性质(2)中,不失一般性,我们假定 $f(x) \geqslant f(x^*)$ 和 $f(x+d_i) \geqslant f(x^*)$ 对所有 $d_i \in D$ 成立。否则,如果存在 $i_0$ 使得 $f(x+d_{i_0}) < f(x^*)$,那么我们可以从 $x+d_{i_0}$ 出发,寻找 $f(x)$的更好的极小点。所以第二个性质的假定是合理的。

现在,我们给出一个满足上述定义的填充函数:

$$P(x, x^*) = \frac{1+\min(0, f(x)-f(x^*))}{1+\|x-x^*\|^2} \tag{5.2.1}$$

可以证明,它满足定义中的四条性质。

**定理 5.2.1** 若 $x^*$ 是 $f(x)$的局部极小点,则 $x^*$ 是 $P(x, x^*)$在 $X_I$ 上的全局极大。

**证明:** 对任意的 $x \in X_I$, $x \neq x^*$,有 $\min(f(x)-f(x^*), 0) \leqslant 0$, $1+\|x-x^*\|^2 > 1$。于是 $P(x, x^*) = \dfrac{1+\min(0, f(x)-f(x^*))}{1+\|x-x^*\|^2} \leqslant \dfrac{1}{1+\|x-x^*\|^2} < 1 = P(x^*, x^*)$。所以 $x^*$ 是 $P(x, x^*)$在 $X_I$ 上的全局极大。

**定理 5.2.2** 设 $x^*$ 是 $f(x)$的整极小点, $x_1, x_2 \in X_I$。若 $f(x_1)$, $f(x_2) \geqslant f(x^*)$, 且 $\|x_1-x^*\| > \|x_2-x^*\| > 0$,则 $P(x_1, x^*) < P(x_2, x^*)$。

**证明:** 若 $f(x_1)$, $f(x_2) \geqslant f(x^*)$, 那么 $P(x_1, x^*) = \dfrac{1}{1+\|x_1-x^*\|^2}$, $P(x_2, x^*) = \dfrac{1}{1+\|x_2-x^*\|^2}$。因为 $\|x_1-x^*\| > \|x_2-x^*\| > 0$,所以 $P(x_1, x^*) < P(x_2, x^*)$。

**定理 5.2.3** 设 $x^*$ 是 $f(x)$的一个整极小点, $x_1, x_2 \in X_I$。若 $f(x_2) \geqslant f(x^*) > f(x_1)$ 以及 $\|x_1-x^*\| > \|x_2-x^*\| > 0$,则 $P(x_1, x^*) < P(x_2, x^*)$。

**证明:** 由 $P(x, x^*)$的定义,可得

$$P(x_1, x^*) = \frac{1+f(x_1)-f(x^*)}{1+\| x_1 - x^* \|^2} < \frac{1}{1+\| x_1 - x^* \|^2} <$$

$$\frac{1}{1+\| x_2 - x^* \|^2} = P(x_2, x^*)$$

**定理 5.2.4** 若$\bar{x}$是 $P(x, x^*)$在 $X_I$ 上的整极小点,$\bar{x} \in \mathrm{int}X_I$,则$\bar{x} \neq x^*$,并且 $f(\bar{x}) < f(x^*)$。

**证明:** 由本节定理 2.1,$x^*$ 将是 $P(x, x^*)$的严格的全局极大点,所以显然有 $\bar{x} \neq x^*$。如果本定理不真,那么存在 $P(x, x^*)$的整极小点 $\bar{x}_0 \in \mathrm{int}\, X_I$,满足

$$f(\bar{x}_0) \geqslant f(x^*) \tag{5.2.2}$$

由于$\bar{x}_0$ 是 $P(x, x^*)$的整极小点,且 $\bar{x}_0 \in \mathrm{int}X_I$,故 $N_I(\bar{x}_0) \subset X_I$,并有

$$P(\bar{x}_0, x^*) \leqslant P(x, x^*),\ \forall x \in N_I(\bar{x}_0) \tag{5.2.3}$$

因为 $\bar{x}_0 \neq x^*$,所以 $\exists j \in \{1, \cdots, n\}$,使得 $\bar{x}_{0j} > x_j^*$ 或者 $\bar{x}_{0j} < x_j^*$ 成立。记 $d_j = e_j$ 或 $d_j = -e_j$,我们有

$$\| \bar{x}_0 + d_j - x^* \| > \| \bar{x}_0 - x^* \| \tag{5.2.4}$$

对于满足(5.2.4)的 $\bar{x}_0 + d_j \in N_I(\bar{x}_0) \subset X_I$,可以证明

$$f(\bar{x}_0 + d_j) \geqslant f(x^*) \tag{5.2.5}$$

这是因为如果 $f(\bar{x}_0 + d_j) < f(x^*)$,那么由(5.2.2)和(5.2.4)以及定理 2.3,$P(\bar{x}_0 + d_j, x^*) < P(\bar{x}_0, x^*)$ 成立。这与(5.2.3)式矛盾。于是(5.2.5)一定成立。

但由(5.2.2)、(5.2.5)、(5.2.4),又有 $P(\bar{x}_0 + d_j, x^*) < P(x_0, x^*)$,这也与(5.2.3)矛盾。于是这样的点$\bar{x}_0$ 不存在,本定理结论成立。

**注 5.2.1** 在定理 2.4 中,我们假设 $\bar{x} \in \mathrm{int}X_I$。这不会影响到我们提出的填充函数方法的有效性。如果 $P(x, x^*)$的极小点在 $X_I$ 的

边界达到，在实际计算时，一般是要改变起始点和搜索方向的。这样的极小点对于寻找 $f(x)$ 的新的极小点并无太多的帮助。另外，如果需要，我们也可以扩大 $X_I$，使一些边界点成为内点。

以上的定理表明我们所给出的填充函数符合定义 5.2.3，因而它是一个无参数的填充函数，可用于解非线性整数规划的全局优化的问题。在第四节和第五节我们将进一步给出算法和算例。

## §5.3 连续变量问题的填充函数

本节我们考虑如下的连续变量的全局优化问题：

$$(P) \quad \min f(x)$$

$$s.t. \ x \in B$$

我们假设目标函数 $f(x): R^n \to R$ 是一个连续可微的函数。$x^* \in R^n$ 是由一般的局部优化方法找到的 $f(x)$ 的极小点。类似于整变量问题的讨论，我们首先给出修正的填充函数的定义。

**定义 5.3.1** 设 $x^* \in B$ 问题 $(P)$ 的当前的局部极小点。函数 $P(x, x^*)$ 被称为 $f(x)$ 在 $x^*$ 的填充函数，如果 $P(x, x^*)$ 满足以下的性质：

(1) 若 $x^*$ 是 $f(x)$ 的当前的局部极小点，则 $x^*$ 是 $P(x, x^*)$ 的严格局部极大。

(2) 对于 $f(x) \geqslant f(x^*)$，$x \neq x^*$，有 $\nabla P(x, x^*) \neq 0$。反之，若 $\nabla P(x, x^*) = 0$，则 $f(x) < f(x^*)$。

(3) 若 $x_1, x_2 \neq x^*$，且 $\| x_1 - x^* \| > \| x_2 - x^* \| > 0$，$f(x_1)$，$f(x_2) \geqslant f(x^*)$，则 $P(x_1, x^*) < P(x_2, x^*)$。

(4) 若 $x_1, x_2 \neq x^*$，且 $\| x_1 - x^* \| > \| x_2 - x^* \| > 0$，$f(x_2) \geqslant f(x^*) > f(x_1)$，则 $P(x_1, x^*) < P(x_2, x^*)$。

现在，我们给出满足如上定义的 $f$ 在极小点 $x^*$ 的填充函数 $(P)$。

$$P(x, x^*) = \frac{1+(\min(0, f(x)-f(x^*)))^3}{1+\|x-x^*\|^2} \qquad (5.3.1)$$

可以证明该函数满足上述定义中的四条性质。

**定理 5.3.1** 设 $x^*$ 是 $f(x)$的局部极小点，则 $x^*$ 是 $P(x, x^*)$在 $B$ 上的全局极大点。

**定理 5.3.2** 设 $x^*$ 是 $f(x)$的极小点，$x_1, x_2 \in B$。若 $f(x_1)$、$f(x_2) \geqslant f(x^*)$，并且 $\|x_1-x^*\| > \|x_2-x^*\| > 0$，则 $P(x_1, x^*) < P(x_2, x^*)$。

**定理 5.3.3** 设 $x^*$ 是 $f(x)$的极小点，$x_1, x_2 \in B$。若 $f(x_2) \geqslant f(x^*) > f(x_1)$，且 $\|x_1-x^*\| > \|x_2-x^*\| > 0$，则 $P(x_1, x^*) < P(x_2, x^*)$。

在此，我们略去这三个定理的证明，因为它们和上一节中定理 5.2.1、定理 5.2.2 以及定理 5.2.3 的证明是类似的。

**定理 5.3.4** 设 $x^*$ 是 $f(x)$的局部极小点，$x \in B$，$x \neq x^*$。若 $f(x) \geqslant f(x^*)$，则$\nabla P(x, x^*) \neq 0$。

**证明：** 若 $f(x) \geqslant f(x^*)$，$x \neq x^*$，则$\min(0, f(x)-f(x^*))=0$。于是$P(x, x^*) = \frac{1}{1+\|x-x^*\|^2}$。而$\nabla P(x, x^*) = \frac{-2(x-x^*)}{(1+\|x-x^*\|^2)^2} \neq 0$。证毕。

由定理 5.3.4，若 $\bar{x} \in B$ 是$P(x, x^*)$的局部极小点，则 $\bar{x} \neq x^*$，$f(\bar{x}) < f(x^*)$。上述四个定理表明我们在本节构造的函数 $P(x, x^*)$满足定义 5.3.1。

**注 5.3.1** 类似地我们可以定义其他一些填充函数。以 $L(P)$表示问题$(P)$的局部极小点集，$h = \min\limits_{x_1^*, x_2^* \in L(P)} |f(x_1^*)-f(x_2^*)|^3 > 0$。选择适当的 $0 < \varepsilon < h$，那么我们可以证明函数 $P(x, x^*) = \frac{\varepsilon+(\min(0, f(x)-f(x^*)))^3}{1+\|x-x^*\|^2}$ 也是定义 5.3.1 意义下的填充函数。

我们在本节给出的填充函数 $P(x, x^*)$还有其他一些性质。我们知道,当 $\delta > 0$ 充分小时,对所有的 $d_i \in D$, $P(\bar{x}+\delta d_i, x^*) \geqslant P(\bar{x}, x^*)$ 成立是 $\bar{x}$ 成为 $P(x, x^*)$ 的局部极小点的必要条件。下一个定理与此性质有关。

**定理 5.3.5** 设 $x^*$ 是 $f(x)$ 的局部极小点, $\bar{x} \in \mathrm{int}B$, $\bar{x} \neq x^*$。若存在 $\delta > 0$ 使得 $P(\bar{x}+\delta d_i, x^*) \geqslant P(\bar{x}, x^*)$ 对所有的 $d_i \in D = \{\pm e_i, i=1, \cdots, n\}$ 成立,则 $f(\bar{x}) < f(x^*)$。

**证明:** 我们将要证明,在定理的假设下, $f(\bar{x}) \geqslant f(x^*)$ 将不能成立。

如若不然,因为 $\delta > 0$, $\bar{x} \neq x^*$,且 $\bar{x} \in \mathrm{int}B$,则存在 $d_{i_0} \in D$ 使得 $\| \bar{x}+\delta d_{i_0} - x^* \| > \| \bar{x} - x^* \|$。若 $f(\bar{x}+\delta d_{i_0}) < f(x^*) \leqslant f(\bar{x})$,则由定理 5.3.3,将有 $P(\bar{x}+\delta d_{i_0}, x^*) < P(\bar{x}, x^*)$,这与定理的假设矛盾。于是 $f(\bar{x}+\delta d_{i_0}) \geqslant f(x^*)$。但如果 $f(\bar{x}) \geqslant f(x^*)$ 成立,由定理 5.3.2,当 $\| \bar{x}+\delta d_{i_0} - x^* \| > \| \bar{x} - x^* \|$ 时, $P(\bar{x}+\delta d_{i_0}, x^*) < P(\bar{x}, x^*)$。这仍与定理的假设矛盾。于是 $f(\bar{x}) < f(x^*)$,证毕。

**定理 5.3.6** 设 $x^*$ 和 $\bar{x}$ 都是 $f(x)$ 局部极小点,若 $f(\bar{x}) < f(x^*)$, $1+(f(\bar{x})-f(x^*))^3 < 0$,则在 $\bar{x}$ 和 $x^*$ 的连线上,存在 $P(x, x^*)$ 的极小点。

**证明:** 由于 $f(x)$ 是连续可微的, $\bar{x}$ 是 $f(x)$ 的局部极小点,且 $f(\bar{x}) < f(x^*)$, $1+(f(\bar{x})-f(x^*))^3 < 0$,故存在 $\bar{x}$ 的领域 $o(\bar{x}, \bar{\sigma})$,对所有的 $x \in o(\bar{x}, \bar{\sigma})$, $f(\bar{x}) \leqslant f(x) < f(x^*)$ 和 $1+(f(\bar{x})-f(x^*))^3 \leqslant 1+(f(x)-f(x^*))^3 < 0$ 都成立。设

$$L_{\bar{x}x^*} = \{x: x = x^* + t(\bar{x} - x^*), t \in (0, 1)\}$$

显然存在点 $x_0 \in L_{\bar{x}x^*}$ 使得对所有的 $x \in L_{x_0x^*} = \{x: x = x^* + t(x_0 - x^*), t \in (0, 1)\}$,有 $f(x) \geqslant f(x^*)$。于是对 $x \in L_{x_0x^*}$,

$$P(x, x^*) = \frac{1+(\min(0, f(x)-f(x^*)))^3}{1+\| x-x^* \|^2} = \frac{1}{1+\| x-x^* \|^2} <$$

$1 = P(x^*, x^*)$。进一步,存在 $\eta > 0$,使得对所有的 $x \in L_{\bar{x}x_0} = \{x: x = \bar{x} + t(\bar{x} - x_0), t \in (1-\eta, 1+\eta)\} \subset o(\bar{x}, \bar{\sigma})$, $f(\bar{x}) \leqslant f(x) <$

$f(x^*)$，$1+(f(\bar{x})-f(x^*))^3 \leqslant 1+(f(x)-f(x^*))^3 < 0$。故存在 $x_1, x_2 \in L_{\bar{x}x_0}$，使得 $f(\bar{x}) \leqslant f(x_1) = f(x_2) < f(x^*)$ 和 $\| x_1 - x^* \| > \| x_2 - x^* \| > 0$ 成立。于是 $0 > P(x_1, x^*) = \dfrac{1+(f(x_1)-f(x^*))^3}{x_1} > \dfrac{1+(f(x_2)-f(x^*))^3}{x_2} = P(x_2, x^*)$。所以当 $x \in L_{x_0x^*}$ 时，$P(x, x^*) = \dfrac{1}{1+\| x-x^* \|^2} > 0 > P(x_1, x^*) > P(x_2, x^*)$。这样，就存在一个 $y \in \{x: x^* + t(\bar{x}-x^*),\ t \in (0, 1+\eta)\}$，$y$ 是 $P(x, x^*)$在线段 $\{x: x^* + t(\bar{x}-x^*),\ t \in (0, 1+\eta)\}$ 上的极小。证毕。

**注 5.3.2** 如果 $1+(f(\bar{x})-f(x^*))^3 \geqslant 0$，我们可以采用注5.3.1中关于填充函数的定义。在此定义下，当 $\varepsilon+(f(\bar{x})-f(x^*))^3 < 0$ 时，我们仍可以证明定理 5.3.7 的结论而无须 $1+(f(\bar{x})-f(x^*))^3 < 0$ 的假设。

## §5.4 算法

在上两节所讨论的理论结果的基础上，我们在本节设计了两个算法。一个是针对整变量问题的。另一个是针对连续变量问题的。

**整变量问题的算法**

1. 令 $k := 1$，输入 $x_0^{(0)} \in X_I$。
2. 令 $l := 1$，$x_l := x_0^{(0)}$。
3. 对 $d_i = e_i$，$d_{n+i} = -e_i$，$i = 1, \cdots, n$，计算函数值 $f(x_l + d_i)$。
4. 在这 $2n$ 个点中，选择具有最小目标函数值的点 $x_l + d_{i_0}$。
5. (a) 若 $f(x_l + d_{i_0}) < f(x_l)$，令 $l := l+1$，$x_{l+1} := x_l + d_{i_0}$，转步 3。

(b) 否则，$x_l$ 是 $f(x)$局部整极小点。令 $x_k^* := x_l$，转步 6。

6. 构造填充函数 $P(x, x_k^*) = \dfrac{1+\min(0, f(x)-f(x_k^*))}{1+\| x-x_k^* \|^2}$。

7. 选择起始点集 $\{x_{k+1}^{(0)i}: i=1, \cdots, m\}$。

8. 令 $i:=1$。

9. (a) 若 $i \leqslant m$,令 $x:=x_{k+1}^{(0)i}$,转步 10;

(b) 否则,转步 14。

10. (a) 若 $f(x)<f(x_k^*)$,令 $x_0^{(0)}:=x$, $k:=k+1$,转步 2。

(b) 否则,转步 11。

11. 对 $d_j=e_j$, $d_{n+j}=-e_j$, $j=1, \cdots, n$,计算 $P(x+d_j, x_k^*)$。

12. 在这 $2n$ 个点中选择具有最小填充函数值 $P(x, x_k^*)$的点 $x+d_{j_0}$。

13. (a) 若 $P(x+d_{j_0}, x_k^*)<P(x, x_k^*)$,令 $x:=x+d_{j_0}$,转步 11。

(b) 若 $P(x+d_{j_0}, x_k^*) \geqslant P(x, x_k^*)$,则令 $x_0^{(0)}:=x$, $k:=k+1$,转步 2。

(c) 若存在 $y \in \{x \pm d_j, j=1, \cdots, n\}$,使得 $f(y)<f(x^*)$,则令 $x_0^{(0)}:=y$, $k:=k+1$,转步 2。

(d) 在极小化 $P(x, x_k^*)$的过程中,若 $x$ 到达 $X_I$ 的边界,则令 $i:=i+1$,转步 9。

14. 找不到比当前的极小点更好的 $f(x)$的极小点。当前的极小点 $x_k^*$ 就是全局极小点。算法终止。

**连续变量问题的算法**

1. 初始化:

(a) 选择步长 $\delta>0$,例如,令 $\delta=0.1$。

(b) 选择 $\delta$ 的下界,例如,令 $\delta_L=10^{-3}$。

(c) 选择 $\delta$ 的下降百分比 $\lambda>0$,例如,令 $\lambda=0.1$。

(d) 令 $k:=1$。

(e) 输入 $x_0^{(0)} \in B$。

2. 以 $x_0^{(0)}$ 为起始点,极小化 $f(x)$,找到 $f(x)$的一个极小点 $x_k^*$。

3. 构造填充函数 $P(x, x_k^*)=\dfrac{1+(\min(0, f(x)-f(x_k^*)))^3}{1+\|x-x_k^*\|^2}$。

4. 选择起始点集 $\{x_{k+1}^{(0)i}:i=1,\cdots,m\}$。

5. 令 $i:=1$。

6. (a) 若 $i\leqslant m$,令 $x:=x_{k+1}^{(0)i}$,转步 7;

(b) 否则,转步 11。

7. (a) 若 $f(x)<f(x_k^*)$,令 $x_0^{(0)}:=x,\ k:=k+1$,转步 2。

(b) 否则,转步 8。

8. 对 $d_j=e_j,\ d_{n+j}=-e_j,\ j=1,\cdots,n$,计算 $P(x+\delta d_j,\ x_k^*)$。

9. 在这 $2n$ 个点中,选择具有最小填充函数值 $P(x,\ x_k^*)$ 的点 $x+\delta d_{j_0}$。

10. (a) 若 $P(x+\delta d_{j_0},\ x_k^*)<P(x,\ x_k^*)$,令 $x:=x+\delta d_{j_0}$,转步 8。

(b) 若 $P(x+\delta d_{j_0},\ x_k^*)\geqslant P(x,\ x_k^*)$,令 $x_0^{(0)}:=x,\ k:=k+1$,转步 2。

(c) 若存在点 $y\in\{x\pm\delta d_j,\ j=1,\cdots,n\}$,使得 $f(y)<f(x^*)$,令 $x_0^{(0)}:=y,\ k:=k+1$,转步 2。

(d) 若在极小化 $P(x,\ x_k^*)$ 的过程中,$x$ 到达 $B$ 的边界,令 $i:=i+1$,转步 6。

11. 令 $\delta=\lambda\delta$,减小 $\delta$。

(a) 若 $\delta\geqslant\delta_L$,转步 5。

(b) 否则,转步 12。

12. 找不到比当前的极小点更好的 $f(x)$ 的极小点。当前的局部极小点 $x_k^*$ 就是全局极小点。算法终止。

**注 5.4.1** 一般地,在选择初始点集时,我们令 $m=2n$,令初始点集为 $\{x_{k+1}^{(0)}:x_k^*+\delta d_i,\ d_i=e_i,\ d_{n+i}=-e_i,\ i=1,\cdots,n\}$ (对整变量问题,$\delta=1$)。如果需要,也可以选择其他的点。例如,可以以一定的系数将两个坐标向量加以组合,得到的向量和 $x_k^*$ 相加作为起始点。

对以上的两个算法,我们作如下的解释和说明。

设 $x^*$ 是当前具有最小的目标函数值 $f(x^*)$ 的极小点。我们在此提出的填充函数的主要思想是:寻找满足 $f(x)<f(x^*)$ 的可行

点 $x$ 比寻找 $P(x, x^*)$的极小点更重要。所以,在步 10(b)中,若 $P(x+\delta d, x^*)\geqslant P(x, x^*)$ 对所有的 $d\in D=\{\pm e_j, j=1, \cdots, n\}$ 都成立,基于定理 5.3.5,我们可以判定 $f(x)<f(x_k^*)$。从而,$x$ 可以作为极小化$f(x)$的新的起始点。同时,由于 $P(x, x^*)$的极小点也满足对所有的 $j=1, \cdots, n$, $P(x\pm\delta e_j, x^*)\geqslant P(x, x^*)$,所以它们不会被遗漏。按照这个准则,我们不仅可以找到 $P(x, x^*)$的极小点,而且其他一些有用的点也会被包含在内。

在极小化填充函数 $P(x, x^*)$的过程中,选择一个好的搜索方向是非常重要的。但这也是非常困难的。因为我们不知道更低的盆谷在哪儿。所以要找到方向 $x-x^*$ 上的 $P(x, x^*)$的极小点并非易事。在步 8 和步 9 中,通过将 $P(x, x^*)$的值和周围所有的 $d\in D$ 方向上的 $P(x+\delta d, x^*)$ 的值的比较,我们大致上选择了一个 $P(x, x^*)$的最快的下降方向。由于在集合 $\{x: f(x)\geqslant f(x^*), x\in B\}$ 中,$P(x, x^*)=\dfrac{1}{1+\|x-x^*\|^2}$,如果 $P(x, x^*)$能够很快地下降,那么 $\|x-x^*\|$ 必须很快地增大。于是 $x$ 会很快地移动到 $B$ 的边界上。

另外,应当注意到,如果我们按照常规选择初始点为 $x^{(0)}=x^*\pm\delta e_j$, $j=1, \cdots, n$,那么方向 $-\nabla P(x^{(0)}, x^*)$ 恰好就是$\pm e_j$ 的方向。事实上,当 $f(x)\geqslant f(x^*)$ 时,$\nabla P(x, x^*)=\dfrac{-2(x-x^*)}{1+\|x-x^*\|^2}$,$-\nabla P(x, x^*)$的方向与 $x-x^*$ 一致。当 $x^{(0)}=x^*\pm\delta e_j$时,$x^{(0)}-x^*=\pm\delta e_j$。这样,$-\nabla P(x^{(0)}, x^*)$就与$\pm e_j$一致了。一旦我们找到点满足 $f(x)<f(x^*)$,我们将立即停止极小化填充函数 $P(x, x^*)$的过程,因此,也无需在集合 $\{x: f(x)<f(x^*), x\in B\}$ 中计算填充函数的梯度$\nabla P(x, x^*)$。基于以上理由,我们在整个算法中没有计算填充函数的梯度$\nabla P(x, x^*)$。

通过以上的理论分析,同时,由于我们提出的填充函数是无参数的,有理由相信相应的算法能够更有效更方便地被应用于解非线性规划地全局优化问题,在下节,我们将给出一些具体的测试结果。

## §5.5 算例

### §5.5.1 测试问题

以下这些常用的算例,我们用来作为本章所提出的无参数的填充函数方法的测试问题。其中的一些是作为整变量问题被测试的。在此,$f^*$ 表示相应的全局极小值。

1. $f(x)=x_1^4+4x_1^3+4x_1^2+x_2^2$

在 $-3\leqslant x_1,\ x_2\leqslant 3$ 范围内,它有两个局部极小点:$x^*=(0,0),\ (-2,0)$。两个都是全局极小点。$f^*=0$。

2. $f(x)=100(x_1^2-x_2)^2+(x_1-1)^2$

在 $-3\leqslant x_1,\ x_2\leqslant 3$ 范围内,它有唯一的极小点:$x^*=(1,1)$,$f^*=0$。

3. $f(x)=(x_2-1.275x_1^2/\pi^2+5x_1/\pi-6)^2+10(1-0.125/\pi)\cos x_1+10$。

在 $-5\leqslant x_1\leqslant 10,\ 0\leqslant x_2\leqslant 15$ 范围内,它有很多局部极小点,两个全局极小点:$x^*=(3.1416,\ 2.2750)$ 和 $(-3.1416,\ 12.2750)$。$f^*=0.3979$。

4. $f(x)=2x_1^2-1.05x_1^4+x_1^6/6-x_1x_2+x_2^2$

在 $-3\leqslant x_1,\ x_2\leqslant 3$,它有三个局部极小点,全局极小点是 $x^*=(0,0)$,$f^*=0$。

5. $f(x)=4x_1^2-2.1x_1^4+\dfrac{1}{3}x_1^6+x_1x_2-4x_2^2+4x_2^4$

在 $-3\leqslant x_1\leqslant 3,\ -1.5\leqslant x_2\leqslant 1.5$ 范围内,它有 6 个局部极小点,两个全局极小点:$x^*=(-0.0898,\ 0.7127),\ (0.0898,\ -0.7127)$,$f^*=-1.0316$。

6. $f(x)=\left\{\sum\limits_{i=1}^{5} i\cos[(i+1)x_1+i]\right\}\left\{\sum\limits_{i=1}^{5} i\cos[(i+1)x_2+i]\right\}$

在 $-10\leqslant x_1,\ x_2\leqslant 10$ 范围内,它有 760 个局部极小点,18 个全

局极小点。$f^* =-186.7309$。

7. $f(x) = \left\{ \sum_{i=1}^{5} i\cos[(i+1)x_1 + i] \right\} \left\{ \sum_{i=1}^{5} i\cos[(i+1)x_2 + i] \right\} + \frac{1}{2}[(x_1 + 1.42513)^2 + (x_2 + 0.80032)^2]$

该函数与问题 6 中的函数基本相似，不过它只有一个全局极小点 $x^* = (-1.4251, -0.8003)$，$f^* =-186.7309$。

8. $f(x) = \left\{ \sum_{i=1}^{5} i\cos[(i+1)x_1 + i] \right\} \left\{ \sum_{i=1}^{5} i\cos[(i+1)x_2 + i] \right\} + [(x_1 + 1.42513)^2 + (x_2 + 0.80032)^2]$

该函数与问题 7 中的函数基本相似，它也只有一个全局极小点 $x^* = (-1.4251, -0.8003)$。但它在全局极小点附近比较陡。$f^* =-186.7309$。

9. $f(x) = \frac{\pi}{n}\left\{ 10\sin^2(\pi x_1) + \sum_{i=1}^{n-1}[(x_i - 1)^2(1 + 10\sin^2(\pi x_i + 1))] + (x_n - 1)^2 \right\}$

在 $-10 \leqslant x_i \leqslant 10$, $i = 1, 2, \cdots, n$ 范围内，它有将近 $10^n$ 个局部极小点。唯一的全局极小解是 $x^* = (1, 1, \cdots, 1)$，$f^* = 0$。

10. $f(x) = \frac{\pi}{n}\left\{ 10\sin^2(\pi y_1) + \sum_{i=1}^{n-1}[(y_i - 1)^2(1 + 10\sin^2(\pi y_{i+1}))] + (y_n - 1)^2 \right\}$,

$y_i = 1 + 0.25(x_i - 1)$。

在 $-10 \leqslant x_i \leqslant 10$, $i = 1, 2, \cdots, n$ 范围内，它有将近 $5^n$ 个局部极小点，唯一的全局极小解也是 $x^* = (1, 1, \cdots, 1)$，$f^* = 0$。

11. $f(x) = [1 + (x_1 + x_2 + 1)^2(19 - 14x_1 + 3x_1^2 - 14x_2 + 6x_1x_2 + 3x_2^2)] \times [30 + (2x_1 - 3x_2)^2(18 - 32x_1 + 12x_1^2 + 48x_2 - 36x_1x_2 + 27x_2^2)]$

在 $-2 \leqslant x_1, x_2 \leqslant 2$ 范围内，它有 4 个局部极小点，一个全局极小点，$x^* = (0, -1)$，$f^* = 3$。

12. $f(x)=(2x_1^3x_2-x_2^3)^2+(6x_1-x_2^2+x_2)^2$

在 $-10\leqslant x_1, x_2\leqslant 10$ 内有很多极小点，$f^*=0$。

13. $f(x)=0.5x_1^2+0.5(1-\cos 2x_1)+x_2^2$

在 $-100\leqslant x_1, x_2\leqslant 100$ 内，它有很多极小点，全局极小点为 $x^*=(0, 0)$。

14. $f(x)=10^6x_1^2+x_2^2-(x_1^2+x_2^2)^2=10^{-6}(x_1^2+x_2^2)^4$

在 $-100\leqslant x_1, x_2\leqslant 100$ 内有 3 个局部极小点，全局极小点为 $x^*=(0, \pm 26.5868)$，$f^*=-2.4929e+5$。

15. $f(x)=x_1^4+x_2^4-14x_1^2-38x_2^2-24x_1+120x_2$

在 $-600\leqslant x_1, x_2\leqslant 600$ 内它有 4 个局部极小点，全局极小点为 $x^*=(3, -5)$，$f^*=-1024$。

### §5.5.2 整变量问题的计算结果

运用上节给出的整变量问题的算法，我们测试了 9 个问题。同一个问题用了不同的起始点和不同的维数。这些问题分别是第 1、2、4、9、10、11、12、13 和 15。除了最后两个问题以外，这些测试问题的范围都在 $-10\leqslant x_i\leqslant 10\ (i=1, \cdots, n)$ 以内。在问题 13 中，$-100\leqslant x_1, x_2\leqslant 100$。在问题 15 中，$-600\leqslant x_1, x_2\leqslant 600$。计算得到的数值结果在附录中的表 5.5.2 和表 5.5.3 中给出。

表 5.5.2 和表 5.5.3 中的符号含义如下：

*No.*：问题的题号。

$n$：问题的维数。

$k$：迭代的序号，例如，第 $k$ 次迭代。

$x_k^{(0)}$：在第 $k$ 次迭代过程中，极小化 $f(x)$ 的起始点。

$x_k^*$：在第 $k$ 次极小化 $f(x)$ 的迭代过程中，找到的 $f(x)$ 的第 $k$ 个极小点。

$y_k$：由极小化 $P(x, x_k^*)$ 找到的新的起始点。

$x^*$：找到的全局极小点。

表5.5.2和表5.5.3中，限于篇幅，我们没有列出所有的$y_k$。大多数$y_k$是$P(x, x_k^*)$的整极小点，其他一些则是满足$f(y_k) < f(x_k^0)$的点。例如，在问题10中，当$n = 10$时，所有的$y_k$是$P(x, x_k^*)$的整极小点。当$n = 14$时，$(1, 5, \cdots, 5)$，$(5, 1, 5, \cdots, 5)$等等是$P(x, x_k^*)$的整极小点，而$(1, 2, 1, 2, \cdots, 1, 2, 5, 5, 5, 5)$则不是。当$n \geqslant 15$时，我们没有找到$P(x, x_k^*)$的极小点。在满足$f(y_k) <$ $f(x_k^0)$的点中，我们选择了具有最小目标函数值的点作为$y_k$。这个测试过程表明，随着问题维数的增加，要找到$P(x, x_k^*)$的极小点会越来越困难。我们应更加注重于寻找满足$f(y_k) < f(x_k^0)$的点$y_k$。

表5.5.2和表5.5.3中的结果表明，我们在第二节中构造的填充函数$p(x, x_k^*)$能够有效地帮助我们离开当前的局部极小点，找到下一阶段的新的起始点，从而找到目标函数的更好的极小点。不同的起始点最终可能会找到不同的全局极小点。我们所选择的起始点分布较广，有的在边界附近，离全局极小点很远。但运用新的填充函数方法都成功得到了全局极小点。

根据葛人溥在文献[20]中的讨论，衡量算法的有效性的一个重要途径是考察其在整个计算过程中对函数值的计算次数。在我们看来，计算次数不仅与算法本身有关，而且与编程的技巧也大有关系。在此，我们用MATLAB6.1实现运算。该程序本身可以记录调用函数的次数、运算的时间等信息。记$c_f$、$c_p$分别是在整个寻找全局解的过程中对$f(x)$和$P(x, x^*)$的调用次数。$t_f$、$t_p$分别是$f(x)$和$P(x, x^*)$的运算时间。在我们的程序中，每次计算$P(x, x_k^*)$的值，需要调用目标函数$f(x)$两次：一次是计算$f(x)$的值，另一次是计算$f(x_k^*)$的值。由于$f(x_k^*)$的值在寻找$x_k^*$的过程中已经得到，所以需要以$f(x)$赋值的点的个数应不超过$c_f$和$c_p$的差。而将填充函数$P(x, x^*)$赋值的次数应不超过$c_p$。

为了更方便地比较运算结果，我们重新在$-600 \leqslant x_1, x_2 \leqslant 600$内将问题1、12、15测试了一次。在这个范围内，有$1\,201^2 = 1\,442\,401$

个可行点，设 $r_f=\frac{c_f-c_p}{1\,442\,401}$，$r_p=\frac{c_p}{1\,442\,401}$，则 $r_f$ 和 $r_p$ 分别是以 $f(x)$ 和 $P(x, x^*)$ 赋值的点的个数和所有的可行点的个数之比的上界。表 5.5.1 给出了这三个问题的相关信息，它有助于考察我们所提出的新的填充函数的计算效率。在表 5.5.1 中，$x^{(0)}$ 是远离全局最优点的起始点，$k$ 是迭代次数。

**表 5.5.1　问题 1, 12, 15 的运行纪录**

| No. | $x^{(0)}$ | $c_f$ | $t_f$ | $r_f$ | $c_p$ | $t_p$ | $r_p$ | $k$ |
|---|---|---|---|---|---|---|---|---|
| 1 | (200, 200) | 26 014 | 9.9 | 0.009 71 | 12 004 | 22.19 | 0.008 32 | 1 |
|  | (−300, −300) | 53 018 | 21.79 | 0.020 11 | 24 008 | 44.63 | 0.016 64 | 1 |
| 12 | (80, 80) | 254 164 | 112.59 | 0.088 25 | 126 866 | 244.16 | 0.087 95 | 14 |
| 15 | (200, 200) | 44 039 | 19.37 | 0.015 96 | 21 023 | 41.73 | 0.014 58 | 2 |

### §5.5.3　连续变量问题的计算结果

对于下面测试的连续变量问题，我们选择步长为 $\delta=0.1, m=2n$，初始点集为 $\{x_{k+1}^{(0)}: x_k^*+\delta d_i,\ d_i=e_i,\ d_{n+i}=-e_i,\ i=1, \cdots, n\}$。

对于极小化目标函数 $f(x)$ 的方法，首先，我们选择 MATLAB 6.1优化工具箱中的内置函数“fmincon”。它需要提供 $f(x)$ 的梯度以及可行域 B 的上下界。该优化过程与牛顿法有关。我们所测试的问题的详细计算结果，被列在附录中的表 5.5.4。表 5.5.4 中的各个符号含义如下：

*No.*：问题的序号。

$n$：问题的维数。

$D$：问题的可行域。

$x^0$：我们给出的起始点。

$t_f$：极小化 $f(x)$ 所用的总的 CPU 时间。

$t_p$：极小化 $P(x)$所用的总的CPU时间。

$x^*$：找到的全局极小点。

接下来,我们选择了MATLAB6.1优化工具箱中另一个内置函数"fminsearch"作为极小化 $f(x)$的方法。该方法主要采用单纯型法的思想,因而无需提供目标函数 $f(x)$的梯度。这样,在整个计算过程中,无论是 $f(x)$的还是 $P(x)$的梯度,都不必计算。这种方法对实际问题中某些很难计算梯度的问题会有所帮助。我们在此仅测试了一些二维的问题。计算的结果被列在附录中的表5.5.5。表5.5.5中的符号的含义与表5.5.4中的相同。

表4中的结果显示,对于某些二维的问题,从同一个起始点出发,用"fmincon"和用"fminsearch"会得到不同的全局最优解。因此,如果我们想要找到不止一个全局最优解的话,除了采用不同的起始点以外,还可以运用不同的局部优化方法来极小化目标函数 $f(x)$。对照表5.5.4和表5.5.5的结果,我们发现对很多测试问题而言,同样的问题,同样的起始点,表4中的CPU时间 $t_f$ 小于表3中的相应数据,而 $t_p$ 几乎是相同的。其中可能的原因是,在用"fmincon"极小化 $f(x)$时,需要计算 $f(x)$的梯度。而在用"fminsearch"极小化 $f(x)$时,没有计算 $f(x)$的梯度,因而节省了时间。但是,在极小化 $P(x, x^*)$的过程中,我们都没有计算 $P(x, x^*)$和 $f(x)$的梯度,所以在此阶段的CPU时间基本相同。

### §5.5.4 结论

在很多关于填充函数的定义中,都要求填充函数具有一定的性质。最常见的是要求填充函数在某个方向 $x-x^*$ 上有极小点,或者在集合 $S=\{x: f(x)<f(x^*), x\in B\}$ 上有极小点。我们在本章所给出的填充函数的修正定义并无此要求。然而数值结果显示,这个新的填充函数方法能够有效地找到满足 $f(x)<f(x^*)$ 的点。它可以使搜索过程离开当前的盆谷以找到更好的极小点。新的填充函数可以跳过很多局部极小点,从而提高计算的效率。无论是连续变量

问题还是整变量问题，理论上的证明和数值计算结果都表明新的填充函数是有效的。由于新的填充函数中没有参数，因而无需反复调节参数。这样，计算将是方便和快捷的。

**表 5.5.2　整变量问题的计算结果**

| No/n | k | $x_k^0$ | $x_k^*$ | $y_k$ | $x^*$ |
|---|---|---|---|---|---|
| 1/2 | 1 | (5, 9) | (0, 0) | — | (0, 0) |
| | 1 | (−8, 8) | (−2, 0) | — | (−2, 0) |
| | 1 | (8, −8) | (0, 0) | — | (0, 0) |
| | 1 | (−8, −8) | (−2, 0) | — | (−2, 0) |
| 2/2 | 1 | (10, 10) | (3, 9) | (2, 4) | |
| | 2 | (2, 4) | (1, 1) | — | (1, 1) |
| | 1 | (−10, −10) | (1, 1) | — | (1, 1) |
| 4/2 | 1 | (9, 9) | (2, 1) | (0, 0) | |
| | 2 | (0, 0) | (0, 0) | — | (0, 0) |
| | 1 | (−9, 9) | (−2, −1) | (0, 0) | |
| | 2 | (0, 0) | (0, 0) | — | (0, 0) |
| 9/3 | 1 | (9, 9, 9) | (1, 1, 1) | — | (1, 1, 1) |
| 9/10 | 1 | (9, …, 9) | (1, …, 1) | — | (1, …, 1) |
| 9/25 | 1 | (9, …, 9) | (1, …, 1) | — | (1, …, 1) |
| 10/3 | 1 | (8, 8, 8) | (9, 9, 9) | (9, 5, 9)(5, 9, 9), (9, 9, 5) | |
| | 2 | (9, 5, 9) | (9, 5, 9) | (5, 5, 9), (9, 1, 6), (9, 5, 5) | |
| | 3 | (9, 1, 6) | (9, 1, 1) | (5, 1, 1) | |
| | 4 | (5, 1, 1) | (5, 1, 1) | (1, 1, 1) | |
| | 5 | (1, 1, 1) | (1, 1, 1) | — | (1, 1, 1) |
| 10/10 | 1 | (−8, …, −8) | (−7, …, −7) | (−3, −7, …, −7), | |

**续 表**

| $No/n$ | $k$ | $x_k^0$ | $x_k^*$ | $y_k$ | $x^*$ |
| --- | --- | --- | --- | --- | --- |
| | | | | (−7, −3, …, −7),…, (−7, …, −7, −3) | |
| | 2 | (−3, −7, …, −7) | (−3, −7, …, −7) | (−3, −3, −7, …, −7), (−3, −7, −3, −7, …, −7), …, (−7, …, −7, −3, −3), (1, −2, −7, …, −7) | |
| | 3 | (1, −2, −7, …, −7) | (1, …, 1) | — | (1, …, 1) |
| 10/14 | 1 | (6, …, 6) | (5, …, 5) | (1, 5, …, 5), (5, 1, 5, …, 5), …,(5, …, 5, 1), (1, 2, 1, 2, 1, 2, 1, 2, 1, 2, 5, 5, 5, 5) | |
| | 2 | (1, 2, 1, 2, …, 1, 2, 5, 5, 5, 5) | (1, …, 1) | — | (1, …, 1) |
| 10/15 | 1 | (6, …, 6) | (5, …, 5) | (1, 4, 5, …, 5) | |
| | 2 | (1, 4, 5, …, 5) | (1, …, 1) | — | (1, …, 1) |
| 10/16 | 1 | (6, …, 6) | (5, …, 5) | (1, 4, 5, …, 5) | |
| | 2 | (1, 4, 5, …, 5) | (1, …, 1) | — | (1, …, 1) |
| 10/20 | 1 | (6, …, 6) | (5, …, 5) | (1, 4, 5, …, 5) | |
| | 2 | (1, 4, 5, …, 5) | (1, …, 1) | — | (1, …, 1) |
| 10/25 | 1 | (6, …, 6) | (5, …, 5) | (1, 4, 5, …, 5) | |
| | 2 | (1, 4, 5, …, 5) | (1, …, 1) | — | (1, …, 1) |
| 10/30 | 1 | (6, …, 6) | (5, …, 5) | (1, 4, 5, …, 5) | |
| | 2 | (1, 4, 5, …, 5) | (1, …, 1) | — | (1, …, 1) |
| 11/2 | 1 | (5, 5) | (6, 3) | (3, 1) | |
| | 2 | (3, 1) | (0, −1) | — | (0, −1) |

续 表

| No/n | k | $x_k^0$ | $x_k^*$ | $y_k$ | $x^*$ |
|---|---|---|---|---|---|
| 12/2 | 1 | (5, 5) | (2, 4) | — | (2, 4) |
| | 1 | (−5, −5) | (0, 0) | — | (0, 0) |
| | 1 | (9, −9) | (3, −7) | (2, −4) | |
| | 2 | (2, −4) | (2, −4) | (1, −2) | |
| | 3 | (1, −2) | (1, −2) | (0, −1) | |
| | 4 | (0, −1) | (0, −1) | — | (0, −1) |
| 13/2 | 1 | (99, 99) | (0, 0) | — | (0, 0) |
| 15/2 | 1 | (200, 200) | (3, 3) | (3, −3) | |
| | 2 | (3, −3) | (3, 5) | — | (3, 5) |

**表 5.5.3 连续变量问题用 fmincon 得到的计算结果**

| No. | n | D | $x^0$ | $t_f$ | $t_p$ | $x^*$ |
|---|---|---|---|---|---|---|
| 1 | 2 | $-3 \leqslant x_1 \leqslant 3$ | (−1.6, 0.9) | 0.17 | 0.38 | (−2, 0) |
| | | $-3 \leqslant x_2 \leqslant 3$ | (3, 3) | 0.16 | 0.44 | (0.104 4e−4, 0.000 0) |
| | | | (−3, −3) | 0.16 | 0.44 | (−2, 0) |
| 4 | 2 | $-3 \leqslant x_i \leqslant 3$ | (0.8, 0.8) | 0.17 | 0.54 | (1e−12, 1.0e−12) |
| 5 | 2 | $-3 \leqslant x_1 \leqslant 3$ | (−3, −1.5) | 0.77 | 0.55 | (0.089 8, −0.712 7) |
| | | $-1.5 \leqslant x_2 \leqslant 1.5$ | (−3, −1.5) | 1.11 | 0.83 | (−0.089 8, 0.712 7) |
| 6 | 2 | $-10 \leqslant x_i \leqslant 10$ | (0, 0) | 0.49 | 4.88 | (−0.800 3, −1.425 1) |
| 9 | 3 | $-10 \leqslant x_i \leqslant 10$ | $x_i = 3.5$ | 0.50 | 10.60 | (1, 1, 1) |
| | | | $x_i = 5.5$ | 0.83 | 18.56 | (1, 1, 1) |
| | 10 | $-10 \leqslant x_i \leqslant 10$ | $x_i = 3.5$ | 1.6 | 178.44 | (1, …, 1) |
| | 25* | $-10 \leqslant x_i \leqslant 10$ | $x_i = 3$ | 4.544 | 895.437 | (1, …, 1) |

续 表

| No. | n | D | $x^0$ | $t_f$ | $t_p$ | $x^*$ |
|---|---|---|---|---|---|---|
| 10 | 3 | $-10\leqslant x_i\leqslant 10$ | $x_i=0$ | 0.721 | 3.115 | (1, 1, 1) |
| | | | $x_i=9$ | 0.18 | 3.574 | (1, 1, 1) |
| | 10 | $-10\leqslant x_i\leqslant 10$ | $x_i=5$ | 0.99 | 216.02 | (1, …, 1) |
| | 14* | $-10\leqslant x_i\leqslant 10$ | $x_i=3$ | 0.83 | 83.711 | (1, …, 1) |
| | 20* | $-10\leqslant x_i\leqslant 10$ | $x_i=3$ | 0.902 | 154.661 | (1, …, 1) |
| | 25* | $-10\leqslant x_i\leqslant 10$ | $x_i=3$ | 1.102 | 235.182 | (1, …, 1) |
| | 30* | $-10\leqslant x_i\leqslant 10$ | $x_i=3$ | 1.221 | 355.642 | (1, …, 1) |
| 12 | 2 | $-10\leqslant x_i\leqslant 10$ | (5, 5) | 1.65 | 1.38 | (1.464 3, −2.506 0) |
| | | | (9, −9) | 0.88 | 1.43 | (1.464 3, −2.506 0) |
| 13 | 2 | $-100\leqslant x_i\leqslant 100$ | (99, 99) | 0.28 | 12.36 | (0.321*e* −10, 0) |
| 15 | 2 | $-100\leqslant x_i\leqslant 100$ | (9, 9) | 0.27 | 24.23 | (3, −5) |
| | | | (99, 99) | 1.87 | 24.33 | (3, −5) |

表中不带 * 的数据是在 100 MHz CPU 的计算机上由 MATLAB 6.1 得到的。

带有 * 的数据是在 900 MHz CPU 的计算机上由 MATLAB 6.3 得到的。

**表 5.5.4 连续变量问题用 fminsearch 得到的计算结果**

| No. | n | D | $x^0$ | $t_f$ | $t_p$ | $x^*$ |
|---|---|---|---|---|---|---|
| 1 | 2 | $-3\leqslant x_1\leqslant 3$ | (−1.6, 0.9) | 0.17 | 0.44 | (−2, 0) |
| | | $-3\leqslant x_2\leqslant 3$ | (3, 3) | 0.06 | 0.44 | (0.186 5*e*−4, −0.307 7*e*−4) |
| | | | (−3, −3) | 0.06 | 0.44 | (0.036 5*e*−4, −0.273 8*e*−4) |
| 3 | 2 | $-5\leqslant x_1\leqslant 10$ | (0, 0) | 0.39 | 0.99 | (3, 141 6, 2.275 0) |

续 表

| No. | $n$ | $D$ | $x^0$ | $t_f$ | $t_p$ | $x^*$ |
|---|---|---|---|---|---|---|
| | | $0\leqslant x_2\leqslant 15$ | (−4, 7) | 0.06 | 0.98 | (−3.141 6, 12.275 0) |
| | | | (−5, 0) | 0.06 | 1.04 | (3.141 6, 2.274 9) |
| 4 | 2 | $-3\leqslant x_i\leqslant 3$ | (0.8, 0.8) | 0.01 | 0.55 | (1$e$−4, 1.0$e$−4) |
| 5 | 2 | $-3\leqslant x_1\leqslant 3$ | (−3, −1.5) | 0.12 | 0.65 | (0.089 8, −0.712 7) |
| | | $-1.5\leqslant x_2\leqslant 1.5$ | | | | |
| 7 | 2 | $-10\leqslant x_i\leqslant 10$ | (0, 0) | 0.16 | 5.38 | (−1.425 2, −0.800 4) |
| 8 | 2 | $-10\leqslant x_i\leqslant 10$ | (0, 0) | 0.17 | 5.45 | (−1.425 1, −0.800 3) |
| 11 | 2 | $-2\leqslant x_i\leqslant 2$ | (−2, −2) | 0.17 | 0.44 | (0, −1.000) |
| | | | (−2, 2) | 0.11 | 0.38 | (0, −1) |
| 12 | 2 | $-10\leqslant x_i\leqslant 10$ | (5, 5) | 0.06 | 1.37 | (2, 4) |
| | | | (−5, −5) | 0.05 | 1.31 | (1.464 4, −2.506 0) |
| 13 | 2 | $-10\leqslant x_i\leqslant 10$ | (9, 9) | 0.11 | 1.26 | (0.396 1$e$−4, −0.410 5$e$−4) |
| 14 | 2 | $-100\leqslant x_i\leqslant 100$ | (−9, 9) | 0.11 | 15.87 | (0, 26.586 8) |
| | | | (9, 9) | 0.06 | 15.7 | (0, 26.586 8) |
| | | | (−9, −9) | 0.11 | 15.93 | (0, −26.586 8) |
| | | | (0, 0) | 0.1 | 25.55 | (0, 26.586 8) |
| 15 | 2 | $-100\leqslant x_i\leqslant 100$ | (9, 9) | 0.16 | 23.78 | (3, −5) |
| | | | (99, 99) | 0.33 | 13.62 | (3, −5) |

# 参考文献

[1] AVRIEL，M.. Nonlinear Programming：Analysis and Methods. Prentic Hall Inc.，Englwood Cliffs，NJ.，1976.

[2] AVRIE，M.，DIEWERT，W. E.，SCHAIBLE，S. and ZANG，I.. Generalized Concavity. New York：Plenum Publishing Corporation，1998.

[3] BARHEN，J. and PROTOPOPESCU，V.. Generalized TRUST Algorithm for Global Optimization. in State of the Art in Global Optimization. FLOUDAS，C. A. and PARDALOS，P. M. eds.，163－180，Kluwer，1996.

[4] BARHEN，J.，PROTOPOPESCU，V. and REISTER，D.. TRUST：A Deterministic Algorithm for Global Optimization. Science，1997，276，1094－1097.

[5] BARRIENTOS，O. and CORREA，R.. An Algorithm for Global Minimization of Linearly Constrained Quadratic Functions. J. of Global Optimization，2000，16，77－93.

[6] BAZARAA，M. S.，SHERALI，H. D. and SHETTY，C. M.. Nonlinear Programming-Theory and Algorithms. John Wiley & Sons，Inc.，1993.

[7] BECK，A. and TEBOULLE，M.. Global optimality conditions for quadratic optimization problems with binary constraints. SIAM J. OPTIM.，2000，Vol. 11，No. 1，179－188.

[8] CETIN，B. C.，BARHEN，J. and BURDICK，J. W.. Terminal Repeller Unconstrained Subenergy Tunneling

(TRUST) for Fast Global Optimization. J. of Optimization Theory and Applications. 1993, Vol. 77, No. 1.

[9] CHEN, W. and ZHANG, L. S.. Global Optimality Conditions for Quadratic 0-1 Optimization Problems. to appear in J. of Global Optimization.

[10] CHEN, W. and ZHANG, L. S.. A Global Optimization Method for Solving Quadratic 0-1 Programming Problems. (已投 Operations Research Letters).

[11] CHEW, S. H., and ZHENG, Q.. Integral Global Optimization. Lecture Notes in Economics and Mathematics Systems, No. 198, Springer-Verlag, 1988.

[12] DANNINGER, G. and BOMZE, I.. Using Copositivity for Global Optimality Criteria in Concave Quadratic Programming Problems. Mathematical Programming, 1993, 62, 575-580.

[13] DIXON, L. C. M. and SZEGÖ, G. P. (eds). Towards Global Optimization 2. North-Holland, Amsterdam, 1978.

[14] FANG, W. W., WU, T. J. and CHEN, J. P.. An Algorithm of Global Optimization for Rational Constraints. J. of Global Optimation, 2000, 18, 211-218.

[15] FLOUDAS, C. A. and VISWESWARAN, V.. Quadratic optimization. in Handbook of Global Optimization. HORST, R. and PARDALOS, P. M. eds., Kluwer Academic Publishers, Dordrecht, The Netherlands, 1995, 217-269.

[16] GASANOV, I. I., and RIKUN, A. D.. On Necessary and Sufficient Conditions for Uniextremality in Nonconvex, Mathematic Programming Problems. Soviet Mathematics Doklady, 1984, 30, 457-459.

[17] GASANOV, I. I., and RIKUN, A. D.. The Necessary and Sufficient Conditions for Single Extremality in Nonconvex

Mathematic Programming Problems. USSR Computational Mathematics and Mathematical Physics, 1985, 25, 105 - 113.

[18] GE, R. P.. A Filled Function Method for Finding A Global Minimizer of A Function of Several Variables. Math. Programming, 1990, 40, 191 - 204.

[19] GE, R. P.. A Filled Function Method for Finding A Global Minimizer of A Function of Several Variables. Dundee Scotland: Paper Presented at the Dundee Biennial Conference on Numerical Analysis, 1983.

[20] GE, R. P.. The Theory of the Filled Function Method for Finding a Global Minimizer of a Nonlinearly Constrained Minimization Problem. Boukder, Colordo: Paper Presented at the SIMA Conference on Numerical Optimization, 1984.

[21] GE, R. P.. The Globally Convexized Filled Functions for Global Optimization. Applied Mathematics and Computation, 1990, 35, 131 - 158.

[22] GE, R. P. and QIN, Y. F.. A Class of Filled Functions for Global Minimizers of a Function of Several Variables. Journal of Optimization Theory and Applications, 1987, Vol. 54, 2, 296 - 317.

[23] GIANNI, D. P. and STEFANO, L.. On Exact Augmented Lagrangian Functions in Nonlinear Programming. in Nonlinear Optimization and Applications. GIANNI, D. P. and STEFANO, L., eds., New York: Plenum Press, 1996, 85 - 99.

[24] HANSEN, E. R.. Global Optimization Using Interval Analysis-the One-dimensional Case. Journal of Optimization Theory and Application, 1979, 29, 331 - 344.

[25] HANSEN, E. R.. Global Optimization Using Interval

Analysis the Multidimensional Case. Numerische Mathematik, 1980, 34, 247－270.

[26] HANSEN, E. R. and SENGUPTA, S.. Summary and Steps of a Global Nonlinear Constrained Optimization Algorithm. LMSC-D889778, Lockheed Missiles and Space Co., Sunnyvale, California, 1983.

[27] HIRIART-URRUTY, J.-B.. Conditions for Global Optimality. in Handbook of Global Optimization. HORST, R. and PARDALOS, P. M., eds., Kluwer Academic Publishers, Dordrecht, The Netherlands, 1995, 1－26.

[28] HIRIART-URRUTY, J.-B.. Conditions for Global Optimality 2. J. of Global Optimization, 1998, 13, 349－367.

[29] HIRIART-URRUTY, J.-B.. Global Optimality Contions in Maximizing a Convex Quadratic Function under Convex Quadratic Constraints. J. of Global Optimization, 2001, 21, 445－455.

[30] HIRIART-URRUTY, J.-B.. From Convex to Nonconvex Optimization, Necessary and Sufficient Conditions for Global Optimization. in Nonsmooth Optimization and Related Topics, Plenum, New York, 1989, 219－239.

[31] HOFFMAN, K. L. A.. A Method for Globally Minimizing Concave Functions over Convex Set. Math. Program., 1981, 20, 22－23.

[32] HORST, R.. Deterministic Methods in Constrained Global Optimization: Some Recent Advances and New Fields of Application. Naval Research Logistics, 1990, 37, 433－471.

[33] HORST, R., PARDALOS, P. M. and THOAI, N. V.. Introduction to Global Optimization. Kluwer Academic Publishers, Dordrecht, The Netherlands, 1995.

[34] HORST, R. and PARDALOS, P. M.. (eds.) Handbook of Global Optimization. Kluwer Academic Publishers, Dordrecht, The Netherlands, 1995.

[35] HORST, R.. On The Global Optimization of Concave Functions, Introduction and Survey. Operations Research Spektrum, 1984, 6, 195-205.

[36] HORST, R. and TUY, H.. Global Optimization, 3rd ed.. Springer, Berlin, Germany, 1994.

[37] HORST, R.. A New Branch and Bound Approach for Concave Minimization Problems. Lecture Notes in Computer Science, 1976, 41, 330-337.

[38] HORST, R.. A General Class of Branch and Bound Methods in Global Optimization with Some New Approaches for Concave Minimization. Journal of Optimization Theory and Applications, 1986, 51, 271-291.

[39] HORST, R.. Deterministic Global Optimization with Partition Sets Whose Feasibility Is Not Known, Application to Concave Minimization, D. C. Programming, Reverse Convex Constraints and Lipschitization Optimization. Journal of Optimization Theory and Applications, 1986, 58, 11-37.

[40] HORST, R.. On Consistency of Bounding Opertions in Deterministic Global Optimization. Journal of Optimization Theory and Applications, 1989, 61, 143-146.

[41] HORST, R., NAST, M. and THOAI, N. V.. New LP-Bound in Multivariate Lipschitz Optimization: Theory and Applications. Journal of Optimization Theory and Applications, 1995, 86, 369-388.

[42] HORST, R.. A Note on Function whose Local Minima are Global. Journal of Optimization Theory and Applications,

1982，33，382－392.

[43] HORST，R.. Global Optimization in Arcwise Connected Spaces. Journal of Mathematical Analysis and Applications，1984，104，481－483.

[44] HORST，R. and THACH，P. T.. A Topological Property of Limes-Arcwise Strictly Quasiconvex Functions Journal of Mathematical Analysis and Applications，1988，134，426－430.

[45] HUANG，X. X. and YANG，X. Q.. Approximate Optimal Solutions and Nonlinear Lagrangian Functions. Journal of Global Optimization，2001，21，51－65.

[46] ICHIDA，K. and FUJII，Y.. An Interval Arithmetic Method for Global Optimization. Computing，1979，23，85－97.

[47] LASSERRE，J. B.. Global Optimization with Polynomials and The Problem of Moments. SIAM J. OPTIM. 2001，Vol. 11，No. 3，796－817.

[48] LEVY，A. V. and MONTALVO，A.. The Tunneling Algorithm for The Global Minimization of Functions. SIAM J. on Scientific and Statistical Computing 6，1985，No. 1，15－29.

[49] LI，S. L.，WU，D. H.，TIAN，W. W. and ZHANG，L. S.. An Implementable Algorithm and Its Convergence of the Modified Integral-Level Method. OR Transactions，2001，5 (3)，29－40.

[50] LI，D.. Zero Duality Gap for a Class of Nonconvex Optimization Problems. Journal of Optimization Theory and Applications，1995，85，309－324.

[51] LI，D.. Convex of Noninferior Frontier. Journal of Optimization Theory and Applications，1996，88，177－196.

[52] LI，D. and SUN.，X. L.. Local Convexification of

Lagrangian Function in Nonconvex Optimization. Journal of Optimization Theory and Applications, 2000, 104, 109 - 120.

[53] LI, D., SUN., X. L., BISWAL, M. P. and GAO, F.. Convexification and Concavification and Monotonization in Global Optimization. Annals of Operations Research, 2001, 105, 213 - 226.

[54] LIU, X.. Finding Global Minima with a Computable Filled Function. Journal of Global Optimization, 2001, 19, 151 - 161.

[55] LIU, X.. A Class of Generalized Filled Functions with Improved Computability. Journal of Computational and Applied Mathematics, 2001, 137, 62 - 69.

[56] LIU, X.. Several Filled Functions with Mitigators. Applied Mathematics and Computation, 2002, 133, 375 - 387.

[57] LOV, L.. ÀSZ. A.. Cones of Mtrices and Setfunctions and 0 - 1 Optimization. SIMA Journal Optimization, 1990, 1, 166 - 190.

[58] MANGASARIAN, O. L.. Nonlinear Programming. McGraw-Hill, New Yark, 1969.

[59] MANGASARIAN, O. L.. Nonlinear Programming. SIAM, Philadelphia, 1994.

[60] Martos, B.. Nonlinear Programming. North Holland, Amsterdam, 1975.

[61] MORE, J. J.. Generalizations of The Trust Region Problem. Optimization Methods and Software 2, 189 - 209, 1993.

[62] MOORE, R. E.. Interval Analysis. Prentic-Hall, Englewood Cliffs, NJ., 1966.

[63] NG, C. K.. High Performace Continuous/Discrete Global Optimization Methods. The Chinese University of Hong Kong, Ph. D. Thesis, 2003.

[64] OBLOW, E. M.. SPT: a stochastic tunneling algorithm for global optimization. J. of Global Optimization, 2001, 20, 195－212.

[65] PARDALOS, P. M. and ROSENJ. B.. Methods for Global Concave Minimization: A Bibliographic Survey. SIAM Review, 1986, 28, 367－379.

[66] PARDALOS, P. M. and ROSENJ. B.. Constrainted Global Optimization: Algorithma and Applications. Springer-Verlag, Berlin, 1987.

[67] PARDALOS, P. M. and SCHNITGER, G.. Checking Local Optimality in Constrained Quadratic Problemming Is NP-hard. OR Letters, 1988, 7, 33－35.

[68] PARDALOS, P. M.. Polynomial Time Algorithms for Some Classes of Constrained Nonconvex Quadratic Problems. Optimization, 1990, 21, 843－853.

[69] PARDALOS, P. M. and VAVASIS, S. A.. Quadratic Programming with One Negative Eigenvalue Is NP-hard. J. Global Optimization, 1991, 1, 15－22.

[70] PENG, J. M. and YUAN, Y. X. Optimality Conditions for The Minimization of A Quadratic With Two Quadratic Constraints. SIAM J. OPTIM. 1997, Vol. 7 No. 3, 579－594.

[71] POLIJAK, S., RENDL, F. and WOLKOWICZ, H.. A Recipe for Semidefinite Relaxation for 0－1 Quadratic Programming. J. of Global Optimization, 1995, 7, 51－73.

[72] RATSCHEK, H. and ROKNE, J.. New Computer Methods for Global Optimization. Ellis Horwood Limited, 1988.

[73] RASTRIGIN, L.. Systems of Extremal Control. Nauka, Moscow, 1974.

[74] RINNOY KAN, A. H. G. and TIMMER, G. T.. Stochastic

Global Optimization Methods, part 1, Clustering Methods. Math. Program., 1987a, 39, 27-56.

[75] RINNOY KAN, A. H G. and TIMMER, G. T.. Stochastic Global Optimization Methods, part 2, mULTI-lEVEL Methods. Math. Program., 1987b, 39, 57-78.

[76] ROCKAFELLAR, R. T.. Convex Analysis. Princeton University Press, Princeton, NJ, 1970.

[77] ROMEIJN, H. E. and SMITH, R. L.. Simulated Annealing for Constrained Global Optimization. J. of Global Optimization, 1994, 5, 101-126.

[78] SKELBOE, S.. Computation of Rational Interval Functions. BIT, 1974, 14, 87-95.

[79] STEPHENS, C. P. and BARITOMPA, W.. Global Optimization Requires Global Information. Journal of Optimization Theory and Applications, 1998, Vol. 96, n0. 3, 575-588.

[80] STREKALOVSKY, A. S.. Global Optimality Conditions for Nonconvex Optimization. J. of Global Optimization, 1998, 12, 415-434.

[81] SUN, X. L., McKINNON, K. and LI, D.. A Convexification Methods for a Class of Global Optimization Problem with Application to Reliability Optimization. J. of Global Optimization, 2001, 21, 185-199.

[82] THOAI, N. V.. Global Optimization Techniques for Solving the General Quadratic Integer Programming Problem. Computational Optimization and Applications, 1998, 10, 149-163.

[83] TSEVENDORJ, I. Piecewise-Convex Maximization Problems, Global Optimality Conditions. J. of Global Optimization, 2001,

21, 1-14.

[84] TUY, H.. Convex Analysis and Global Optimization. Kluwer Academic Publishers, Dordrecht/Boston/London, 1998.

[85] TUY, H., THIEU, T. V. and THAI, N. Q. A Conical Algorithm for Global Minimizing a Concave Function over a Closed Convex Set. Mathematics of Operations Research, 1985, 10, 498-514.

[86] TUY, H. and HORST, R.. Convergence and Restart in Branch and Bound Algorithms for Global Optimization Application to Concave Minimization and D. C. Optimization Problems. Mathematical Programming, 1989, 41, 161-183.

[87] TUY, H.. The Complementary Convex Structure in Global Optimization. J. of Global Optimization, 1992, 2, 21-40.

[88] TUY, H. and LE, T. L.. A New Approach to Optimization under Monotonic Constraint. J. of Global Optimization.

[89] TUY, H.. Monotonic Optimization: Problems and Solution Approaches. SIAM J. Optimization, 2000, Vol. 11, 2, 464-494.

[90] XU, Z., HUANG, H. X., PARDALOS, P. M. and XU, C. X. Filled Functions for Unconstrained Global Optimization. J. of Global Optimization, 2001, 20, 49-65.

[91] YAO, Y.. Dynamic Tunneling Algorithm for Global Optimization. IEEE Transactions on Systems, Man, and Cybernetics, 1989, Vol. 19, No. 5, 1222-1230.

[92] YE, Y. Y.. Approximating Global Quadratic Optimization with Convex Quadratic Constraints. J. of Global Optimization, 1999, 15, 1-17.

[93] ZHANG, L. S. and CHEN, W.. Global Optimality Conditions for Quadratic 0-1 Programming and their

Applications.（已投 Applied Mathematics and Computation）

[94] ZHANG, L. S. and CHEN, W.. Filled Functions With Parameter Free.（已投 Journal of Optimization Theory and Applications）

[95] ZHANG, L. S. CHEN, W. and YAO, Y. R.. Global Optimality Conditions for 0-1 Quadratic Programming with Inequality Constraints.（已投 ACTA Mathematicae Applicata Sinica（应用数学学报英文版））.

[96] ZHANG, L. S.. A Sufficient and Necessary Condition for a Globally Exact Penalty Function. Chinese Journal of Contemporary Mathematics, 1997, Vol. 18, No. 4, 415-424.

[97] ZHANG, L. S., GAO, F. and ZHU, W. X.. Nonlinear Integer Programming and Global Optimization. J. of Computational Mathematic, 1999, Vol. 17, No. 2, 179-190.

[98] ZHANG, L. S. NG, C. K., LI, D. and TIAN, W. W.. A New Filled function for Finding Global Optimization. J. of Global Optimization, 2004, 28, 17-43.

[99] ZHANG, L. S. and LI, D.. Global Search in Nonlinear Integer Programming: Filled Function Approach. International Conference on Optimization Techniques and Applications, Perth, 1998, 442-452.

[100] ZHANG, L. S.. An Approach to Finding a Global Minimization with Equality Constrains. J. of Computational Mathematics, 1988, 6(4), 375-382.

[101] ZHENG, Q. and ZHANG, L. S.. Global Minimization of Constrained Problems with Discontinuous Penalty Functions. Computers and Mathematics with Applications, 1999, 37, 41-58.

[102] ZHENG, Q. and ZHUAN, D. M.. Integral Global

Minimization: Algorithms, Implementations and Numerical Tests. J. of Global Optimization, 1995, 7(4), 421-454.

[103] ZHENG, X., HUANG, H. X. and Pardalos, P.. Filled Functions for Unconstrained Global Optimization. J. of Global Optimization, 2001, 20, 49-65.

[104] 邬冬华,田蔚文,张连生. 一个求总极值的实现算法及其收敛法. 运筹学学报, 1999,3(2), 82-89.

[105] 邬冬华,田蔚文,张连生,黄伟. 一种修正的求总极值的积分水平集方法的实现算法收敛性. 应用数学学报, 2001, 24(1), 100-110.

[106] 张连生. $L_1$ 精确罚函数和约束总极值问题. 高校计算数学学报, 1988, 2, 141-148.

[107] 张连生,邬冬华. 非线性规划的凸化、凹化和单调化. 数学年刊, 2002, 2, 537-544.

[108] 郑权,蒋百松. 一个求总极值的方法. 应用数学学报, 1978, 1(2), 161-173.

[109] 郑权,张连生. 罚函数与带不等式约束的总极值问题. 计算数学, 1980, 3, 146-153.

[110] 朱文兴,张连生. 非线性整数规划的一个近似算法. 运筹学学报, 1997, 1(1), 72-81.

# 作者攻读博士学位期间完成的论文

[1] WEI CHEN and LIANSHENG ZHANG. Global Optimality Conditions for Quadratic 0－1 Problems. Journal of Global optimization，已录用.

[2] WEI CHEN and LIANSHENG ZHANG. A Global Optimization Method for Solving Quadratic 0－1 Programming Problem. 已投 Operations Research Letters.

[3] LIANSHENG ZHANG and WEI CHEN. Filled Functions with Parameter Free. 已投 Journal of Optimization Theory and Applications.

[4] LIANSHENG ZHANG and WEI CHEN. Global Optimality Conditions for Quadratic 0－1 Programming and their Applications. 已投 Computational Optimization and Applications.

[5] LIANSHENG ZHANG，WEI CHEN and YIRONG YAO. Global Optimality Conditions for 0－1 Quadratic Programming with Inequality Constrains. 已投 ACTA MATHEMATICAE APPLICATAE SINICA(应用数学学报英文版).

[6] YOULIN SHANG，LIANSHENG ZHANG and WEI CHEN. A Modified Filled Function Method for Finding Global Integer Minimizer of Nonlinear Function. 已投 Journal of Computational Mathematics.

[7] LIANSHENG ZHANG，WEI CHEN and YIRONG YAO. Global Optimality Conditions for 0－1 Quadratic Programming

with Inequality Constrains. Proceedings of the International Conference on Mathematical Programming. 上海：上海大学出版社，2004，449－457，.

[8] 陈伟，吴望名. 一类基于有界算子合成的模糊关系方程. 模糊系统与数学，2001，Vol. 15，No. 2，pp. 13－20.

[9] 陈伟. 正则 FI 代数的若干性质. 模糊系统与数学，2001，Vol. 15，No. 4，pp. 24－27.

[10] 陈伟. 模糊数学在数学建模中的应用. 数学的认识与实践，已录用.

# 致　谢

值此论文完成之际，我由衷地感谢我的导师张连生教授。无论是在学习上还是在工作中，他都是我尊敬的师长。在学术科研上，他一丝不苟，严谨治学，锐意进取，勇于创新，为培养我们付出了极大的心血。我不仅在学业上得到了张连生教授的精心指导，而且在日常的工作和生活中，他也是我学习的楷模。张老师热爱生活，平易近人，永远像年轻人一样富有朝气。这一切，都在时时激励着我不断努力，积极进取。张老师对我的鼓励和教诲，将使我终身受收益。同时感谢师母陈春华教授，我所取得的进步也离不开她的关心和鼓励。

我要感谢我的师兄邬冬华教授一直以来对我的关心和帮助。他的真诚和热心，令我非常感动。我要感谢我的师姐王薇教授，她在学业上和生活上给了我很多的支持和帮助。我也感谢上海大学数学系曾经帮助过我的各位老师，特别是孙世杰教授、田蔚文教授、姚奕荣教授。

同时也感谢我的各位师兄弟、师姐妹们多年来对我的帮助和支持，我们之间的诚挚友情是我前进动力的一部分。

最后我要感谢我的家人，尤其是我的父亲、我的母亲，没有他们，就没有我的今天。感谢我的丈夫和我的女儿，感谢他们理解和支持。

博士学位申请者：陈　伟

日期：二零零四年十一月